牛津通識課
宇宙篇

牛津大學出版社(OUP)
授權中文版

重力

擾動時空的主宰者

GRAVITY

A VERY SHORT INTRODUCTION

提姆西·克里夫頓
——著
胡訢諄
——譯

TIMOTHY CLIFTON

目錄

圖例……4
引言……7
第一章　從愛因斯坦到牛頓……9
第二章　太陽系中的重力……33
第三章　太陽系外的重力測試……59
第四章　重力波……77
第五章　宇宙學……95
第六章　重力物理學的先端研究……131
結語……153
延伸閱讀……155

圖列

1. (a)伽利略從比薩斜塔上放開砲彈；(b)繪畫描述大衛．史考特在月球表面放開鐵鎚和羽毛
圖(b)出處：Alan Bean, 'Fourth Human to Walk on the Moon, First Artist in All History to Visit another World'
2. 行星軌道示意圖
3. 兩條世界線在同一時空的示意圖
4. 兩條直線，代表兩個粒子可能會遵循的路徑
5. 兩大圓，代表兩個粒子在球形彎曲空間行進的路徑
6. 干涉儀原理圖

7. 扭秤實驗圖示
8. 一道波穿過氣體雲的示意圖
9. 如果一道重力波由下往上（直接出去這個頁面）經過一個粒子環，粒子環會如何變形的示意圖
10. 表示空間持續正彎曲的例子
11. 偏振光與非偏振光示意圖

引言

這是一本關於重力的書。重力讓具有質量的物體互相吸引，重力造成蘋果掉落在地，地球的形成也與重力有關。

自然界中四種基本的力，最為人熟悉的是重力，但重力運作的實際方式卻不怎麼明顯。現實中，我們所指的「重力」現象和時間與空間的本質密不可分。意思就是，現代對重力的了解，不只告訴我們天體在宇宙中如何運行，也讓我們知道，組成宇宙結構本身的時間與空間，又是如何表現。

本書目的在於向讀者介紹重力的多種面向。首先是關於重力理論的歷史發展，接著概述當今科學家如何理解重力。然後，我們會探討重力的物理現象對於地球、太陽系、乃至宇宙整體的影響。最後介紹在理論物理學中，幾位先鋒對於重力的近期研究。

我希望透過本書，讓讀者知道什麼是重力，也知道科學家如何藉助對於重力的研究，得到對於時間、空間，以及我們居住的宇宙的本質的精彩結論。

第一章

從牛頓到愛因斯坦

存在於自然界中四種基本的力，目前最弱的是重力，其他三種是電磁力、強核力、弱核力。然而，就長遠的距離來說，重力才是主宰。這是因為唯有重力能夠吸引，也因為重力永遠無法被遮蔽，所以雖然多數的大型物體是電中性，卻永遠不會是重力中性。具有質量的物體之間的重力永遠會將物體拉在一起，而且質量越大重力越大。

感謝像牛頓（Newton）和愛因斯坦（Einstein）那樣的天才，讓我們對重力多少有些了解，但是相較於其他力，重力仍持續讓當代科學家感到神祕難解。想知道為什麼會這樣，就讓我們從頭說起，看看重力理論的歷史發展。

重力史前史

假設人類一直知道（雖說是假設，但這幾乎是可以確定的），當我們放開一個物體，它就會往下掉。這麼說來，我們一直意識到重力存在。早期許多思想家的焦點，似乎都放在造成這個運動的原因。

直到十七世紀末前，亞里斯多德（Aristotle）的《物理學》（*Physics*）在歐洲科學界佔有舉足輕重的地位。他認為物體應該往它們在宇宙中的自然位置移動，並以此解釋重力。他認為這一自然位置取決於該物體的成分。更精確地說，取決於物質中四大元素——土、水、氣、火——各自所占的比例。

亞里斯多德主張，主要由土和水組成的物體應該往宇宙中心移動。對他而言，宇宙中心就在他的腳下。因此，若是往空中丟擲由土做成的物體，必定會往地上移動。他認為土會沉到水底，所以水比土輕，因此所有的水必定在土的上方。同理，因為氣泡在水中會上升，所以氣比水輕，因此氣的自然位置在水之上，而火的自然位置在氣之上。

就當時人們對物質基本成分的了解，這個架構提供所觀察的世界某種合乎邏輯的秩序，甚至可以讓人論述物體落下的速度。亞里斯多德主張，物體掉落的速度應與其質量成正比，與穿過的媒介密度成反比。換句話說，亞里斯多德認為兩公斤重的物體落下的速度比一公斤重的快兩倍。

無奈的是，亞里斯多德的理論並不正確。現在我們知道，宇宙並不存在一個讓物體趨向的中心。透過實驗也發現，物體因重力而加速的速率「並不」與其質量成正比。事實上，已經證明所有物體皆以相同速率落下。這個發現是現代理解重力其中一個里程碑，因此需要進一步解釋。

所有物體在重力作用下的加速度相同，這一事實並不直觀。事實上，如果我的左手放開一根羽毛，右手放開一團鐵塊，我不會期待它們同時掉在地上。鐵塊會先著地。所以，「所有物體在重力作用下的加速度相同」是什麼意思？要了解這句話，我們必須先了解所有作用在這些物體的力。

當我放開羽毛，除了受到重力，它還受到其他力。羽毛開始掉落時，有來自周遭空氣的阻力。阻力延緩羽毛的速度，勝於影響沉重的鐵塊。任何些微的風都會對羽毛產生巨大作用，但對鐵塊的干擾卻是微乎其微。所以，「所有物體在重力作用下的加速度相同」並不適用於我們周圍環境的物體運動，而是在說如果物體僅僅受到重力影響而掉落的情況。換句話說，如果排除其他所有作用，那麼所有物體應該以相同的速率掉落。

對於這個命題的論證通常歸功於伽利略（Galileo）。據說一五九〇年，他從比薩斜塔頂端放開不同質量的砲彈，發現無論這兩個砲彈成分為何，它們都以相同的速度掉落[1]。更近期的，而且也許更戲劇性的是，阿波羅號的太空人大衛・史考特（David Scott）也得出相同的結果。史考特站在月球表面，同時放開一根羽毛和一支鐵鎚，由於月球上沒有空氣延緩那根羽毛的運動，所以兩個物體同時

1編按：關於伽利略是否曾在比薩斜塔上做過自由落體實驗，目前仍未獲得定論。

落在他的腳邊（如圖1）。今日我們稱這個現象為「自由落體的普遍性」（universality of free fall）。接下來我們將看到，這在牛頓和愛因斯坦的重力理論中都是重要關鍵。

牛頓的重力理論

一六八七年，艾薩克・牛頓爵士首次在他的著作《數學原理》（*Principia Mathematica*）發表重力與運

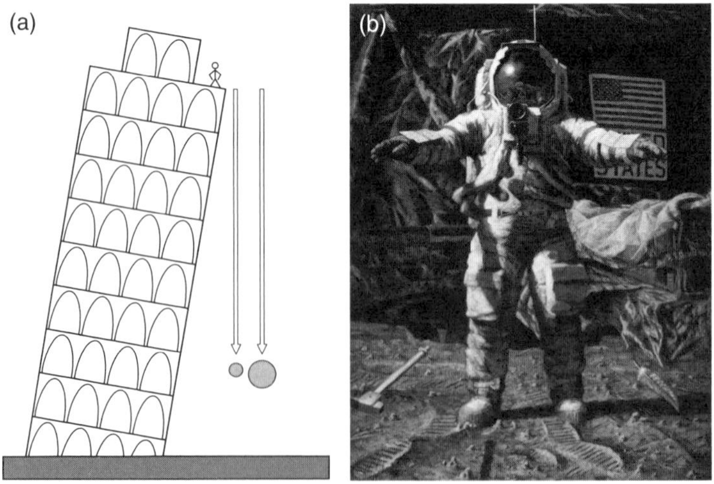

圖 1　(a) 伽利略從比薩斜塔上放開砲彈；(b) 繪畫描述大衛・史考特在月球表面放開鐵鎚和羽毛。

動理論，從此永遠地改變世界。這是關於重力如何運作的第一個真正的科學理論。不同於亞里斯多德，牛頓並未嘗試解釋重力，反而量化重力的作用，並在過程中推論物理定律。這些定律描述的不僅是地球上物體的運動，還有地球本身以及太陽系其他天體的運動。

牛頓的理論無疑是天才之作。他創造新的數學分支，而且首次展現作用在我們、在地球的物理定律與作用在天體的相同。所有亞里斯多德曾經試圖解釋的複雜運動，都化為幾條簡單的定律。牛頓的理論很了不起，而且屹立不搖超過兩百年。牛頓光憑《數學原理》這本書，就在科學、工業、戰爭的世界掀起革命。直到今日，許多人依舊在他提供的架構中思考與研究。

牛頓理論的基本要素是：存在絕對的空間與時間，做為所有運動發生的舞台，而且存在萬有引力，即時作用在宇宙每兩兩具有質量的物體。就這樣。

對牛頓而言，空間，如同我們多數人每天的經驗，單純是所有物體存在其中的，外在、不變的場所。我可以把物體X放在空間中的某一點，僅靠將量尺拉成一直線，便得出與另一物體Y的距離。在牛頓力學中，這個過程完全沒有模稜兩可的餘地。物體X與物體Y也許會在空間中移動，但空間本身是固定的，而且永遠不變。

同樣地，牛頓對時間的理解也依循我們多數人從小到大每日的直覺。牛頓的理論中，一個瞬間接著另一個瞬間，不停地向前延展。在某個時間間隔，物體可以改變位置，但是時間本身是普遍的，對每個人都是相同的。在牛頓的理論中，所有時鐘都以相同方式測量時間，如同所有量尺在兩個給定的物體之間會得到相同距離。

根據牛頓的理論，除非施加某個外力，所有物體都以某個恆常速率移動（從此與亞里斯多德的物理學分道揚鑣）。如果對某個物體施力，那個力將導致該物體加速。更多力意謂更多加速度，而且，如果一個物體具有更多質量，則需要更多力來達到相同的加速度。在這個架構中，重力單純只是外在的力，作用於所有具有質量的物體，把它們拉在一起。

牛頓推論，作用在兩個物體之間的萬有引力一定與物體的質量成正比，與距離的平方成反比。換句話說，兩個具有質量的物體之間的重力，都遵循下列等式：

$$F \propto \frac{Mm}{r^2}$$

其中M和m是兩物體的質量，r是它們之間的距離。這條簡單的方程式再加上牛頓的運動定律，對估算大多數的天體運動與地球上所有的物體運動，已然足夠。

所有物體皆依照牛頓重力以相同的速率掉落，這符合伽利略的觀察，這件事情可以從以下事實看出：在牛頓力學中，一個給定的力對物體加速，重的物體會比輕的物體慢。同時思考這個事實和另一個事實——根據牛頓，物體質量越大，受到的重力越大。在牛頓的理論中，質量與重力正好在加速度計算中互相抵銷。

因此，受到牛頓重力作用的物體，並且遵守牛頓運動定律，無論其質量為何，必定以固定的速率加速。這可不是巧合：自由落體的普遍性從一開始就內建在牛頓的理論體系中了。

牛頓的理論的第一重大成就，便是可以用來推導行星的運動定律。十七世紀早期，克卜勒（Kepler）便已藉由精確的天文資料，從經驗上推導這些定律。克卜勒的定律如下：

- 行星沿著橢圓的軌道運行，而太陽是橢圓的焦點。
- 在相等時間內，太陽和運動著的行星的連線所掃過的面積都是相等的。
- 行星繞太陽公轉需要的時間的平方，與行星軌道最遠的兩端距離（橢圓的長軸）的立方成正比。

這三條定律如圖2所示（除了軌道週期）。克卜勒定律的好處在於它們似乎適用所有已知的行星，即使當時它們並沒有任何物理理論的基礎。這些定律單純符合那些天文資料。

牛頓知道克卜勒的定律，並在他的《數學原理》解釋這些定律如何從他的運動定律與萬有引力理論推導出來。這個推導過程是物理學的重大成就。這是第一次

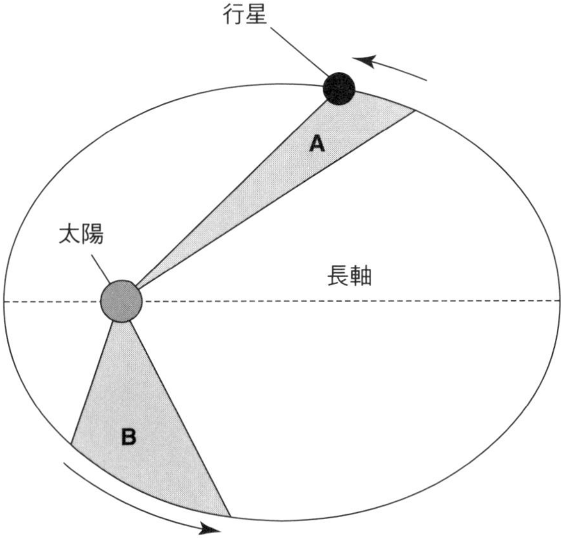

圖 2　行星軌道示意圖。以 A 和 B 表示的陰影處，若是繞行中的行星在相同時間掃過，則面積相同。

以簡單的數學等式解釋精確觀察行星得到的經驗定律。牛頓證明，同樣地定律可以描述在地球表面發射的砲彈運動，也可以描述行星本身的運動。我們今日所知的物理學，多數就是從這裡開始。

愛因斯坦的重力理論

牛頓的重力理論發表超過兩百年後，被愛因斯坦的取代。若說牛頓的理論簡單有用，那麼愛因斯坦的就是優美且真正萬有。愛因斯坦不只改變牛頓理論中的方程式，甚至連根拔起牛頓理論憑藉的基礎。愛因斯坦改變了一切。

如同物理學的許多進展，愛因斯坦的理論最初是為了解決現有理論之間的矛盾。牛頓已經提出重力和運動運作的理論，但是牛頓的想法與英國物理學家馬克士威（James Clerk Maxwell）在十九世紀中發展的光學理論並不相容。馬克士威的新理論表示，在宇宙中的每一個人測量的光速應該相同，即每秒略少於三億公尺。這個理論乍聽之下似乎沒什麼，但仔細想想就能發現當中存在的問題。

重點是，根據牛頓力學，如果我坐在時速一百英里的火車上，以時速一千英里的速度向前發射一顆子彈，那麼站在軌道旁邊的觀察者會看到子彈以時速一千一百英里的速度飛行。用數學的術語來說，子彈的速度和火車的速度是線性增加。

現在，假設我仍坐在同一輛火車上，朝前方打開一把手電筒，那麼從我坐的位置上來看，手電筒的光以光速穿過車廂向前傳播（即每秒大約三億公尺）。再想想觀察者從鐵軌旁邊看著我。按照牛頓的理論，這個人看見光應該是以每秒三億公尺，加上每小時一百英里（火車的速度）前進。但是根據馬克士威，結果並非如此。馬克士威認為，站在軌道旁邊的人和坐在火車裡的人，看見光傳播的速度「相同」。換句話說，馬克士威的方程式意謂速度「不會」線性增加。

上述的矛盾非常重要。如果我們在速度如何增加上無法取得共識，就完全無法利用物理學計算物體運動。牛頓和馬克士威不可能同時正確。兩人之中必定有一人出錯。有些科學家試圖改寫牛頓或者馬克士威的理論，但愛因斯坦不那麼做。他以最高敬意看待牛頓和馬克士威的理論，認同兩者的優點，而且用了真正巧妙的方法解決這個矛盾。

愛因斯坦假設，如果光速對每一個人都相同，那麼時間和空間不可能是普遍的概念。相反地，他推論，每個觀察者必定擁有他們自己的時間概念，以及他們自己的空間概念。根據愛因斯坦的新理論，站在軌道旁邊的人，他看火車上的人身上的時鐘，指針移動速度會比他自己的時鐘慢。同樣地，在火車上的人，他看站在軌道旁邊的人的時鐘，指針移動速度也會比他自己的時鐘慢。

這個結論乍聽之下奇怪，因為我們從小就被灌輸「時間是普遍的」。愛因斯坦告訴我們的是，我們孩童時期的時間認知錯了。時間並非普遍的概念，並非對每個人來說都以相同速率展開。時間是個人的事，相對他人，取決於我們的相對運動。同樣地，空間不是我們以為固定不動的背景。我們認為的距離、物體的長度，其實取決於我們如何移動。

這些想法十分驚人，起初似乎令人不安，彷彿我們一直用以理解世界的支架忽然被人一腳踢開。但是我們不需要絕望。愛因斯坦的理論中，有個關於時間和空間的概念存活了下來，而且那個概念保留一個獨立於觀察者的現實，就是為人所知的「時空」（space-time）。我們和牛頓的絕對時空概念不同，我們

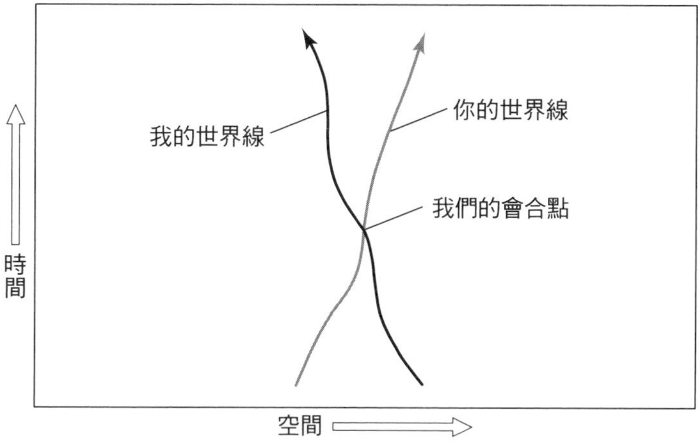

圖 3　兩位觀察者的兩條世界線在同一時空移動的例子。觀察者在兩線交叉處會合。

現在有了一個新的，可以同時囊括兩者的構造。一個人或一個物體，例如你或我，遵循一條穿越這個結構的線，稱為我們的「世界線」（world-line）。我們個人的時間沿著我們的世界線測量，而且雖然我的世界線可能和你的不同，兩條都存在於相同的時空（見圖3）。

所以，正是將時間與空間提升為時空，我們得以讓牛頓的力學和馬克士威的相容。這個發現是愛因斯坦早期對科學的貢獻，也是今日所謂「狹義相對論」（special theory of relativity）背後的骨幹。這個理論推導出多種重大結果，許多已從我們的經驗證實。其中最著名的大概是這個方程式：

$$E = mc^2$$

這個方程式告訴我們，質量與能量以錯綜複雜的方式相連（隨著原子核武器出現，這個事實變得極其清楚）。其他結果還有不穩定的粒子快速移動時，似乎擁有更長的壽命，以及沒有什麼比光移動得更快。

最後一個結果，加上新的時空概念，讓愛因斯坦得到他的重力理論。再一次的，驅使這個理論的動力也是一個明顯的矛盾，而且造成問題的又是牛頓的理論。這一次，矛盾產生於牛頓理論和狹義相對論之間。牛頓的重力即時作用在物體之間，換句話說，如果太陽突然爆炸，根據牛頓的理論，我們應該在爆炸瞬間就感受重力的作用。

但是，現在愛因斯坦知道那是不可能的。第一，他已經發現沒有什麼比光移動得更快。第二，他已經證明，沒有普遍的時間，所以兩件事情在不同地方同時發生，這個想法完全說不通（如果對一個觀察者而言同時發生，對任何其他在不同運動狀態的觀察者不會是同時）。所以，再一次的，某件事情出了錯，需要修正。

對於這個問題，愛因斯坦的解決方法又更神奇。他假設重力並不是單純將物體拉在一起的力，而是時空彎曲的結果。於是，根據愛因斯坦的理論，具有質量的物體會互相吸引，只是因為這些物體在它們彎曲的時空中循著最短的路徑運動。這個想法是，質量和能量造成時空彎曲，而且這個彎曲造成物體的路徑沿著看似朝向彼此的空間移動。這個想法的美妙之處在於，現在我們不再需要把重力當成存在於宇宙的外力。在這個新的圖像中，造成物體互相吸引的是時空本身（本來就在那裡）。這就是「廣義相對論」（general theory of relativity）背後的基本想法。

對於伽利略主張所有物體以相同速率掉落，愛因斯坦的解釋又更令人驚豔。我們回想一下就會發現，牛頓的理論完全沒有解釋這一點，只是單純被當成一個事實，然後設計一個與其相容的重力定律。愛因斯坦的更好。現在，在愛因斯坦的理論裡，沒有所謂重力這樣的外力；物體運動只是時空彎曲的結果。但是所有物體都在同樣地時空中移動，所以所有物體必須循著相同路徑。換句話說，所有物體必須以同樣速率掉落，就像伽利略觀察到的。

這些想法可能會令人感到難以理解，所以我們再思考一個例子。想像兩個不受任何力的物體，它們的移動路徑在平坦空間（flat space）是直線，如圖4。

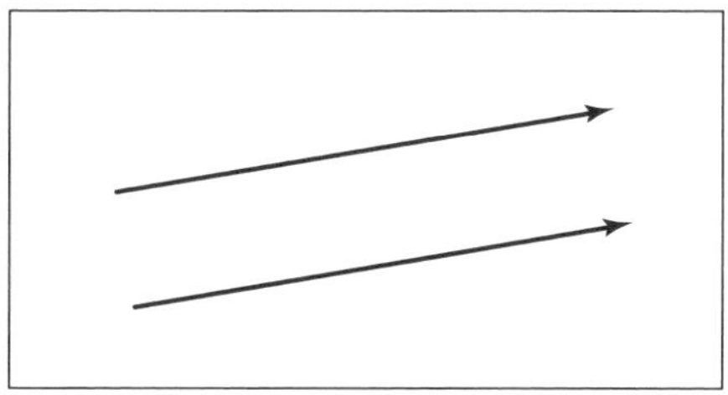

圖 4　兩條直線，代表兩個粒子不受任何外力作用穿越平坦空間的路徑。

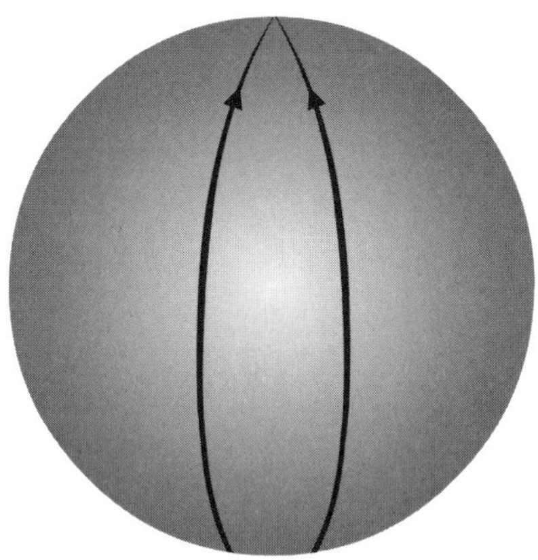

圖 5　兩個大圓，代表粒子不受任何外力，在球形彎曲的空間行進的路徑。這兩條線不會永遠平行，而會在某個點交會。

如果這個空間彎曲了，那麼它們將不再走直線。考慮最簡單的彎曲空間：球的表面。球體表面任兩點之間最短的距離稱為「大圓」（地球的赤道就是大圓的例子）。如果兩個物體在相同的球體上循著兩條不同的大圓，那麼它們起初會互相遠離，最後又會相遇，如圖5所示。

這就是愛因斯坦設想重力作用的方式。他想像物體因為路徑彎曲所以相遇，而非任何外在事物在它們移動時左右拉扯它們。時空的彎曲通常比球體表面更不規律，但基本原理是相同的。就重力的作用而言，愛因斯坦的新理論絕大多數都和牛頓兩百多年前提出的定律非常相似。不同的是，對於時間與空間，愛因斯坦的理論提出新的理解方式，而且預測各種更小、更細微的效應。我在後面的章節會詳細討論。

現在從實際的情況想想這一切是什麼意思。假設一名跳傘員從飛機上跳下，自由下落的同時受到空氣阻力作用。根據愛因斯坦的理論，跳傘員的路徑是穿過地球周圍彎曲時空的最直線。從跳傘員的視角來看，這相當自然。除了急速通過她的空氣，她完全感受不到任何干擾她的力。事實上，如果不是因為空氣阻力，她就會和在天體軌道上的太空人一樣經驗失重狀態。我們認為跳傘員正在加速，僅僅是因為我們習慣把地球表面作為參照框架。如果放下這個習慣，就完全沒有理由認為跳傘員正在加速。

現在，假設你站在地面上抬頭看著這個正在掉落的勇者。通常情況下，你直覺上會認為你是靜止的。但是，再一次的，這只是因為我們習慣把地球當成判決物體是靜止還是運動的裁決權威。走出這個牢籠，你就會發現到其實你正在加速。你會感覺到腳底有個力把你往上推，就像站在一座加速上升的電梯裡一樣。

在愛因斯坦的理論圖像中，你站在地球上和你站在加速上升中電梯裡沒有不同。兩種情況中，你都正在往上加速。後者的情況是由於電梯讓你加速；前者的情況則是由於堅硬的地球推動著你在時空中向上移動，使你偏離了自由落體的軌道。地球可以在其表面每一點向上加速，同時維持堅硬的形狀，這是因為它存在於彎曲的時空，而非平坦的空間。

隨著觀點的改變，重力的本質也變得清楚。跳傘員降落在地球，是因為她掉落時經過的時空是彎曲的，而不是有個外力把她往下拉，這只是她在彎曲時空中的自然運動。另一方面，站在地上的你，腳跟感受到的壓力來自堅硬的地球推著你向上。再次的，沒有外力把你拉向地球，只有讓地球保持固態的在岩石裡的靜電力在你腳底作怪，阻止你進行你原本的自然運動（也就是自由落下）。

所以，如果我們不要以相對地球表面的觀點定義我們的運動，就會發現正在加速的不是跳傘員，而是站在地球表面的人。這正好和我們通常的想法相反。

回到伽利略在比薩斜塔的實驗，現在我們可以知道為何他觀察到所有砲彈都以同樣速率掉落。不是因為砲彈加速遠離伽利略，而是伽利略自己加速遠離砲彈！如果我將幾樣物體靜止放在太空中的某些位置，並加速遠離它們，我應該不會驚訝於我遠離它們的加速度都是一樣的。伽利略和他的砲彈也是如此。

有些人覺得這樣的敘述非常優美，另一些人則因愛因斯坦的理論可以被實驗驗證而心服口服。這些實驗包羅萬象，從尋找行星軌道微弱的攝動，到太陽周圍光的彎曲，以及許多種種。我們將在接下來的章節探索這些有趣的現象。但是要一直記得：這一切全都是因為時空彎曲。

第二章

太陽系中的重力

太陽系，其中包括地球，是我們觀察重力影響最直接的實驗室。太陽質量遠比其他任何行星都大，因此主宰了太陽系的重力場。

運行軌道相對接近太陽的行星有四顆：水星、金星、地球、火星。再遠一點，是四顆大很多的行星：木星、土星、天王星、海王星。太陽系也包括其他天體，例如彗星、小行星、衛星、人造太空船。觀察這些天體運動，或者某些情況下與它們互動，我們可以得知很多重力的表現方式。

對太陽系中重力正式的實驗和觀察研究從二十世紀後半開始。雖然天文學家幾個世紀以來都在追蹤行星的運動，但是二十世紀發展出的技術與方法，讓觀察與實驗能以過去絕不可能的方式進行。為了將這些工作的成果以合理的順序呈現，我將它們分成以下幾類：測試重力理論基礎假設、驗證牛頓定律的實驗和研究愛因斯坦理論的實驗。

測試基礎假設

現代的重力理論有數個基礎假設，包括一個物體的靜質量和它的位置無關，也與其他物體的相互運動無關。其他假設還有光在任何方向的速度都相同，以及所有物體落下的速率相同（不受除重力以外的其它力的情況下）。在上一個世紀，這些假設已經經過極高準確度的測試。我將在此列出幾個最好的實驗，接著再分別敘述牛頓與愛因斯坦重力理論細節的實驗。

我們先回想一下質量的定義。質量是一個量，告訴我們需要在一個物體上作用多少力，才能使其以固定的數值加速。一般認為質量是物體本身的性質。質量不同於重量。當你手中拿著一個物體，該物體對你的手施加向下的力，稱為重量，而且如果你拿著相同物體站在不同星球，重量就會改變。在牛頓的萬有引力定律中出現的是質量。愛因斯坦著名的方程式 $E=mc^2$，與能量等效的也是質量。因為這兩個理論對重力非常重要，所以我們必須了解，物體的質量是否真的和它在重力場中的位置與運動無關。這個只能透過實驗來證明。

奇妙的是，質量是否取決於位置，最好的測試是看光通過重力場時如何改變顏色。這個測試背後的基本想法是，光子（光的粒子）遠離大質量物體的重力場時，例如恆星或行星，應該會喪失能量。這是因為將某物沿著一個重力場往上拉，需要消耗能量。所以，就像你爬樓梯的時候會消耗能量，光子從地球表面往上行進或遠離太陽表面，也需要消耗一些能量。光子能量的改變會導致其顏色（波長）改變，所以一束光行進通過一個重力場時顏色應該會改變，能量改變的大小則依據它和重力場源的距離。這也是為什麼，距離一顆恆星表面較遠的光，看起來會比其剛發出時稍微偏紅（波長較長）。這個效應叫做光的「重力紅移」（gravitational redshifting）。

所以，關於物體的質量是否取決於在重力場的位置，光的重力紅移又能告訴我們什麼呢？首先，想想我們如何在重力場測量物體的質量：找來一台吊車把物體吊起來，記下這麼做需要多少能量。這個能量應該直接與物體的質量有關，所以記錄將一個物體從一個高度升到另一個高度所需要的能量，應該能夠明白告訴我們該物體在不同高度，以及不同高度之間的質量。

可惜的是，精確測量吊車使用的能量很難，因為吊車往往效率不彰（吊車釋放的能量大部分用於噪音、磨擦、拉伸繩子和本身的部件）。這時候，光的重力紅移就派上用場了。光的頻率可以很精準地測量出來，而且光子爬出重力場損失的能量應該和用來吊起一個相同質量的物體（能量以 $E=mc^2$ 計算出來）所需的能量相等。如果我們可以測量光的紅移，就能得到一個非常準確的代理實驗，傳達和吊車實驗一樣的訊息。

一九六〇年代初，美國物理學家羅伯特．龐德（Robert Pound）與格倫．雷布卡（Glen Rebka）進行一項實驗，測量光的重力紅移。他們利用哈佛大學傑佛遜物理實驗室的一座塔，觀察光子沿著高塔向上行進的紅移。他們發現光確實隨著向上行進改變顏色，而且其能量改變大小支持質量與位置無關這個結論。唯一可能的偏差必須小於實驗本身的準確度——大約在一％。之後有個類似的實驗，利用從太陽發射的光，結果也以約一%的準確度支持上述結論。

更近期的研究利用原子鐘探究同樣地效應。這些實驗背後的想法是，光束本身在某方面來說就像時鐘。光的顏色取決於光子的波長，波長本身則與它們振盪的頻率有關。如果我們把這些振盪做為時鐘的基礎，每次振盪都是時間的一個單位，那麼我們就會發現，時鐘在不同的位置移動的速率不同，相當於光的紅移。

事實上，我們甚至不需測量光的頻率來進行這個實驗，因為如果一個以光子振盪為基礎的時鐘走得慢，那麼其他每個時鐘必定也是。我們要做的就是把兩個時鐘放在兩個不同高度，然後讓它們透過無線電信號傳輸它們顯示的時間。根據觀察到的無線電信號，它們走的速率差異便會完全和光在它們之間紅移的信號速率一致。

因此，我們可以拿兩個極為精準的原子鐘，一個放上火箭，另一個放在我們腳邊。當火箭上的時鐘透過無線電信號傳輸它的時間，我們就可以將此信號與我們身邊的時鐘比較。一般來說，時間應該不同，這就是所謂「重力的時間膨脹」（gravitational time dilation）效應。一九七六年，羅伯特．維索特（Robert Vessot）和馬丁．列文（Martin Levine）首次進行這個實驗。他們直接觀察時間膨脹的效應，證實質量與位置無關，準確度達一萬分之一（約比哈佛實驗更準確一百倍）。這個實驗提供強而有力的證據，在重力場中質量確實與位置無關，而且準確度非常高。

除了位置，我們還可透過實驗，測試光的速度，或者物體的質量是否取決於方向。這些實驗在歷史上非常重要，因為在愛因斯坦提出他的重力理論前，許多人相信有個叫做「以太」（ether）的物質滲透整個空間。以太被當成光波傳播的介質，直到二十世紀以前，這個概念在物理學家之間大受歡迎。如果以太存在，那麼相對以太以不同方式運動的觀察者測量的光速就會不同。

愛因斯坦的理論與以太的存在互不相容，因為他的理論主張所有觀察者，無論他們的運動狀態為何，都會測量出相同的光速。因此，以太是否存在的測試對於驗證他的理論極為重要。這些測試中，最有名的是一八八七年的邁克生－莫雷實驗（Michelson-Morley）。這個實驗目的在看光的速度是否與傳播方向有關。

邁克生－莫雷實驗用了一個叫做「干涉儀」的裝置。干涉儀由兩條互相垂直的干涉臂組成（見圖6）。雷射光分別打進兩條臂，接著透過各自尾端的鏡子反射。當反射的光抵達兩條干涉臂的交界，光就會交會。我們知道光具有波的性質，因此可以讓兩道光束交會形成某個圖案（就像池塘表面的兩道波交會）。干涉儀產生的圖案形狀取決於每一條干涉臂的長度和雷射光沿著干涉臂行進的時間。如果光的速度在不同方向會不同，那麼邁克生和莫雷就會在裝置上觀察到這個結果。

邁克生－莫雷實驗得到零結果（null result）。兩個不同方向的光，並未觀察到速度的差異。許多科學家對這個結果感到十分意外，因為當時普遍認為地球應該相對於以太運動。如果光是以太中的波，那麼光的速度應該只會在相對以太靜止的實驗室中與方向無關，但在以每秒三十公里的速度繞太陽公轉的地球上不該

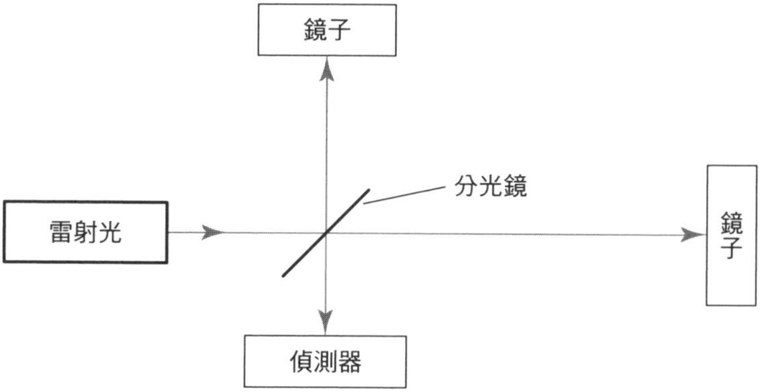

圖 6　干涉儀原理圖。分光鏡將雷射光分成兩束，兩束分別由鏡子反射。光線接著會走回原路，然後交會，並導入偵測器。

如此。因此，邁克生與莫雷的實驗被當成強而有力的證據，否定以太存在，而且支持光的速度在每個方向確實相同。這對愛因斯坦的理論非常重要。

質量與運動方向無關的證據則於一九六〇年代初由美國物理學家維儂・休斯（Vernon Hughes）和英國物理學家朗納・德瑞福（Ronald Drever）的實驗證實。這兩位研究者在實驗中使用了存在於鋰原子中、大約以每秒一百萬公尺繞行原子核的電子。因為電子的質量極小，所以這些電子之間，以及與它們直接環境中的任何其他東西，重力的交互作用都是極小。

儘管如此，細微的質量若因方向改變還是測得出來。這是因為電子在原子中改變能階時會發出光子，而且因為這些光子具有一組非常特定的頻率，稱為「躍遷線」（transition lines）。如果電子的質量取決於運動方向，那麼由於能階變化得到的躍遷線就會改變特定位置。休斯和德瑞福兩人謹慎的研究準確度極高，沒有發現任何質量取決於方向的證據。

現在我們回到自由落體的普遍性。別忘了這個名詞指的是所有物體以相同速率掉落，如同伽利略展示的那樣。伽利略的實驗雖然具有開創性，但可能不是非常準確（以現代的標準）。所以，看在自由落體的普遍性對牛頓和愛因斯坦的理論極為重要，之後一直有人致力於驗證到最準確的程度。這個實驗曾在許多不同環境進行，包括數個實驗室和太空。

十九世紀末，匈牙利物理學家羅蘭．厄缶（Loránd Eötvös）在實驗室進行了著名的自由落體普遍性測試。厄缶用了一個叫做「扭秤」（torsion balance）的裝置，上面有根四十公分的橫槓，從中心由一條線吊著（見圖7）。

兩個不同的物體分別掛在橫槓兩端，而且這兩個物體的材料截然不同。這個概念是，如果兩個物體朝著地球以不同速率加速，那麼扭秤會被迫旋轉。透過測量橫槓的運動，就可以限制作用於個別物體之間的重力差異，從而限制鬆開物體時的掉落速率。

厄缶發現，任兩個物體掉落的速率沒有差異，準確度達十億分之一。這個測試在當時已經是伽利略實驗的非常準確的版本。十

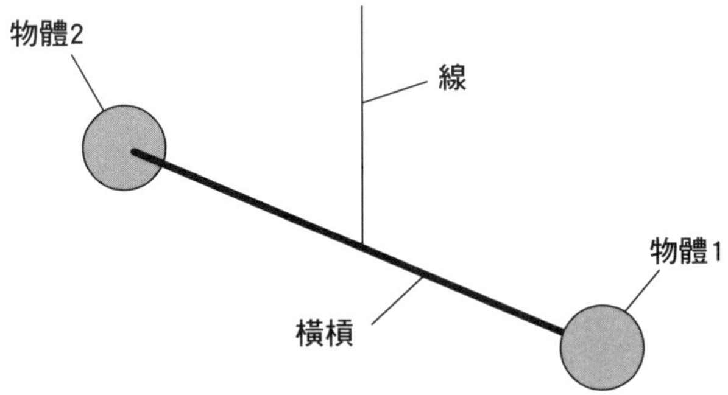

圖 7　厄缶的扭秤實驗圖示。兩個物體由不同材料製成。如果物體掉落的速率不同，橫槓會繞著線旋轉。

九世紀以來，這類實驗的準確度仍然不斷進步，普林斯頓大學、華盛頓大學、莫斯科大學的團隊將其精確度提高到優於萬億分之一。這樣的進展要歸功技術進步，允許實驗在幾乎真空的狀況下進行，還因為實驗人員除了利用地球的重力場，也利用太陽的重力場。現今這些實驗的限制因素是地球構造板塊移動的極小騷動，加上其他周圍物體極小的重力場（包括實驗人員本身！）。一般認為在太空中的實驗會排除這些問題，並更進一步增加實驗本身的準確性。

除了厄缶的實驗，另一個方法是將地球和月球當成兩個自由下落物體，看看能否偵測到它們加速度的差異。這個想法於一九六九年實現，當時阿波羅十一號的太空人在月球留下一個反射器，用這台反射器反射從地球發出的雷射光束，就能知道地球與月球之間的距離，其準確度可到公分。分析數據後，我們以十億分之一的準確度證實自由落體的普遍性。雖然這個準確性並未超越實驗室的結果，卻是稍微不同類型的實驗，因為地球和月球具有自己可觀的重力場，因此可說是同樣原則「強力」版本的測試。

總結來說，來自各種不同實驗所得出足夠好的證據，證明物體的質量與其位置和運動方向無關。也有強力的證據證實光在每個方向的速度相同，而且所有物體受重力作用掉落的速率相同。牛頓和愛因斯坦的理論就是建構在這些基本假設。現在我們繼續探討這些理論本身的實驗。

探究牛頓重力定律的實驗

現在普遍接受愛因斯坦的理論已經取代牛頓的理論，我們將在這章後半部討論它。然而，我們知道，牛頓的重力平方反比定律已經非常接近愛因斯坦的理論，能夠描述陸地和太空的許多現象。因此牛頓的理論非常值得探究，看看這個定律到底將重力描述得多好。這裡我們將描述幾個迄今最重要的實驗。

十八世紀末，英國物理學家亨利．卡文迪什（Henry Cavendish）做了第一個平方反比定律的實驗室測試。卡文迪什的實驗用了和厄缶一樣的扭秤（如圖7），但和厄缶不同的是，為了讓扭秤旋轉，卡文迪什放了額外的物體。這些額外的物體位置靠近扭秤橫槓上的物體。於是，橫槓兩端吊掛的測試物體和卡文迪什增加的物體，兩者之間的重力拉動扭秤上的物體，造成橫槓旋轉，重力大小則可以從裝置旋轉的速率推算出來。卡文迪許的實驗能在僅僅二十三公分的距離探究重力。他發現重力作用在這些尺度的方式完全與牛頓的平方反比定律一致。今日人們能在更短的距離進行相同的實驗。

在實驗室裡測試牛頓的重力定律，挑戰主要在於相較其他自然界的力，重力很弱。這代表就連某個實驗儀器上最小的殘餘電荷也會完全蓋過重力，導致無法測量。因此必須極為謹慎準備所有實驗儀器，而且必須找來金屬屏障遮蔽不可避免偷溜進來的電荷，以求減少影響。可見在實驗室裡測試重力極為困難，這也是為什麼目前為止我們無法在低於一毫米的尺度下探究重力（相較之下，我們已經能在 10^{-18} 毫米的尺度下研究電力）。

近來有三個團隊帶頭進行實驗室測試重力的實驗，分別是華盛頓大學、科羅拉多大學、史丹佛大學。華盛頓大學將一個上面有十個洞的擺錘，放在另一個同樣有十個洞的圓盤上。這個擺錘因為少了洞中的質量而損失重力，導致擺錘扭轉。透過測量這個扭轉，人們可以在二十分之一毫米的尺度下測量重力。科羅拉多大學和史丹佛大學的實驗團隊則利用測量一個震動物體將重力測量尺度縮小至四十分之一毫米。這些實驗室的實驗結果目前為止都與牛頓的重力平方反比定律一致，即使在非常小的距離尺度。

在較大的距離尺度上，我們可以考慮許多其他類型的測試。為使討論井然有序，我們先看看距離幾十公尺到幾公里的實驗。這些尺度看似是最容易探究的，因為它們接近我們日常生活接觸的距離，但實際上卻困難重重。

目前為止，在日常距離尺度下進行的重力實驗中，其中最好的一項是測量一個物體在同一座高塔上不同高度的重力。一九八〇年代末，一個科學家團隊利用北科羅來納州加納（Garner）一座六百公尺高的 WTVD 塔進行這個實驗。重力在高塔不同的點輕易計算出來，而且符合牛頓平方反比定律，實驗的準確度也良好。差不多同時，其他研究者測量水庫的水在不同水位的重力。這個實驗可以實際測量水的重量，並測試牛頓的重力平方反比定律。幾年後又有進一步的測試，測量海水在海中不同深度的重力。這些實驗的結果都與牛頓的平方反比定律一致，準確度都在大約〇・一％。

更大尺度下的實驗則可以利用天文觀測數據，這比測量水庫中水的重力場準確多了。透過研究圍繞地球的人造衛星軌道、月球軌道、行星圍繞太陽的軌道，可以探究介於一百萬和數億公尺之間的距離尺度。一九七六年和一九九二年發射的 LAGEOS 人造衛星對這類實驗特別有用，它就和行星運行一樣，給定牛頓的平方反比定律，受重力影響的軌道形狀呈密閉的橢圓（到達第一近似）。觀察這些天體後得出的結果都與牛頓的定律一致，準確度介於百萬分之一與十億分之一之間。

因此我們有非常好的證據，證明牛頓的平方反比定律從幾分之毫米到幾億公尺都是適用的。不同距離尺度的重力實驗準確度變化極大，從千分之一（幾十公尺的尺度）到十億分之一（相當行星軌道的距離）。這是盛大的成功，卻不是故事的結局。現在，讓我們跨越牛頓，進入愛因斯坦的理論產生的全新效應。

探究愛因斯坦理論的實驗

稍早討論的實驗都涉及多數人在學校讀過的物理學概念：質量恆定、自由落體的普遍性、牛頓的平方反比定律。我在這一節會介紹一些實驗，探究愛因斯坦重力理論較不為人熟悉的地方。這個理論產生的特殊效應往往微小，而且難以透過實驗偵測。儘管如此，那些效應非常重要，因為它們讓我們可以更深一層檢視並理解重力。

愛因斯坦的理論導致很多效應。這裡我打算只描述四個：水星異常運行、星光在太陽附近偏折（deflection）、無線電信號經過太陽發生時間延遲、陀螺儀（gyroscope）在地球周圍的軌道表現。這是相對論最主要的重力效應中，四個可在太陽系被觀察的。進一步的效應在更極端的天體物理學環境會變得明顯，這部分我們將在第三章討論。

我們從水星異常運行開始。本書第一章我們說過，牛頓的萬有引力解釋了克卜勒的觀察結果，即行星環繞太陽的軌道是橢圓的。對單一行星來說這是對的，但是當我們考量多個行星同時運行，事情就會變得有點複雜。這是因為不只每個行星與太陽之間存在重力，行星之間也是。這些行星之間的重力雖然較微弱但仍可以被測量，而且會拉扯行星的軌道，否則原本會是完美的橢圓。

物理學家老早就已知道行星之間的重力作用。這些力可以輕易在牛頓的理論中計算，幾個世紀以來天文學家也測量了這些力對行星軌道的影響。事實上，十九世紀中期，海王星就是在十九世紀中期因研究天王星（比海王星還要靠近太陽的行星）的軌道之後才發現的。

天王星的軌道稍微偏離天文學家預期的位置，如果在太陽系更遠一點的位置有一個稍微較大的行星，就可以解釋這個偏移。法國天文學家奧本．勒維耶（Urbain Le Verrier）和英國天文學家約翰．柯西．亞當斯（John Couch Adams）皆在一八四五年預測這個星球存在，到了一八四六年，海王星就被發現了。這確實是一項重大成就。

所以當勒維耶於一八五九年宣布水星（最靠近太陽的行星）的軌道也有一些偏移時，人們並沒有感到特別驚訝。受到海王星存在的鼓舞，勒維耶預測必定有另一個行星比水星更靠近地球，甚至將其命名為「祝融星」（Vulcan）。然而，這次怎麼也找不到他預測的行星。無論多麼努力尋找，太陽與水星之間沒有新的天體。儘管如此，水星的軌道持續異常，似乎像是它的軌道被來源不明的重力繞著太陽拉扯。

水星軌道異常的謎團在一九一五年解開，不是因為在太陽系發現任何新的大質量天體，而是因為愛因斯坦革新的理論。根據愛因斯坦的新理論，牛頓的重力只是約略接近重力的真實本質。除了平方反比定律，愛因斯坦預測應該有個新的、較小的力也貢獻在重力定律。對於一個像太陽系這樣中央有個巨大物體的天體物理學系統，愛因斯坦推測，這些新力中最大的力應該隨著距離的立方成反比。因此，相對牛頓的平方反比定律，越接近太陽，這一新力的作用越大。

水星一直以來都是已知最靠近太陽的行星，因此相較其他任何行星，愛因斯坦的新重力對水星的影響應該更大。愛因斯坦計算水星圍繞太陽的軌道應該會被拉走，約為每世紀四十三弧秒（arc second，一弧秒等於 1/3600 度）。這個數值很小，但是足夠讓天文學家觀察到，也和勒維耶觀察到的異常一致。所以愛因斯坦的重力理論早在一九一五年就透過解釋了水星的軌道異常，獲得第一個大成功。

現在對水星軌道的測量比起十九世紀要容易多了。現在我們知道所有行星的軌道，而且準確度很高，這對計算水星的軌道偏移非常重要。例如，單單金星造成的額外拉扯，由於愛因斯坦的重力，校正超過六倍。因此需要非常準確知道金星的位置。

然而，這不是現代觀測最大的不確定性來源。最不確定的是太陽的形狀。太陽形狀與完美球形的偏差都會影響水星軌道，這些影響可能會與愛因斯坦的重力效應混在一起。太陽的形狀很難精確知道，所以我們只能說水星的軌道異常與愛因斯坦的理論一致，準確度達千分之一。

雖然解釋水星軌道相當了不起，但可能不能稱為預測，因為早在愛因斯坦出生前人們就知道異常了。愛因斯坦的理論中，能夠真正算是預測的是太陽周圍的星光受其重力場偏折。之前尚不確定光是否受到重力影響，因為在牛頓的理論中，重力只發生在具有質量的物體之間（光沒有）。這個曖昧不明的地方從愛因斯坦的理論去除，因為光和其他所有物體一樣，都走彎曲時空中最短的路線。因此，愛因斯坦預測光會受到大質量物體的重力場偏折。

愛因斯坦的計算顯示，光的偏折在光束正好掠過大質量物體表面時最大。太陽系中質量最大的物體是太陽。但是要看到非常接近太陽的星光，我們必須等到日蝕，否則太陽本身的光會蓋過微弱許多的星光。第一個測試星光偏折的大好機會是一九一九年，第一次世界大戰後。那次遠征由英國物理學家亞瑟·愛丁頓爵士（Sir Arthur Eddington）帶隊，測量靠近太陽的恆星位置，藉以驗證愛因斯坦的重力理論。

愛丁頓的遠征去了非洲的普林西比島，那年即將在那裡發生的日蝕是日全蝕。他謹慎測量，而且用了當時最好的攝影硬片。當時環境並不理想，但愛丁頓成功測得日蝕期間星星的位置。他發現，星星確實因為光的軌跡受到太陽的重力影響彎曲，在視覺上偏移了本來的位置，正如愛因斯坦預測的那樣。愛丁頓的結果足以證實愛因斯坦的理論，但是準確度只有大約三十％。

現今對軌道的測量比十九世紀要準確許多。其中一個原因是人們利用了非常明亮的天體，叫做「類星體」（quasars），它們在天空中的位置恰好可以用來測試愛因斯坦的預測。隨著這些天體經過太陽後方，就可測量它們發射出的光的偏折。現在利用非常大的「基線干涉儀」（interferometer，這是一種望遠鏡，混合來自數個不同偵察器的信號，產出高解析度的影像），可以得到數百萬這些類星體的觀察。這項工作的結果與愛因斯坦的理論完全一致，準確度達萬分之一。

愛因斯坦的理論較近期的預測是無線電信號經過大質量物體的時間延遲。因為某些理由，科學家直到一九六四年才發現這個效應是愛因斯坦重力理論的必然結果，而且現在人們已經能在不同的情況下測量它。其中包括觀察行星即將經過太陽後方時發出的無線電信號，以及觀察從人造探測器發出的信號。第一個方法的好處在於某些行星的位置眾所皆知，軌跡也容易預測。因為穩定，所以它們是很好的目標，但缺點是它們不完美的形狀在解釋反射的信號時會造成問題。人造探測器發出非常容易預測的信號，但是軌跡略微難以確定。

用來測量時間延遲效應的無線電標的包括水星與金星、太空探測器水手6號（Mariners 6）與水手7號（Mariners 7）、旅行者2號（Voyager 2）、維京火星著陸器與軌道器、卡西尼探測器（Cassini probe）。

這些觀察中，最近期且最準確的是卡西尼探測器。這艘太空船的主要任務是觀察土星，但是它在二〇〇三年做了一些與重力相關的研究，並證實時間偏移效應存在，準確度達十萬分之一。這是對愛因斯坦的理論另一項了不起的證實，而且準確度比以往的實驗都高。這部分要歸功人們採用多重頻率無線電信號觀測，從而可以消除太陽日冕的干擾。

現在我們來看看本節討論的最後一個實驗：圍繞地球運行的「陀螺儀」。構造上，陀螺儀的上方會旋轉，而旋轉部分的中軸可以指向任何方向。根據愛因斯坦的重力理論，當陀螺儀放在繞著地球的軌道上運動時，應該可以觀察到兩個效應。第一個是隨著繞行地球，陀螺儀主軸的旋轉方向會改變。這個效應稱為「測地線進動」（geodetic precession），產生的原因是圍繞地球的時空彎曲。第二個效應稱為「參考系拖曳」（frame-dragging），產生的原因是地球自轉時，實際上也拉動周遭的空間。這是全新的重力交互作用，所以能否透過實驗證實至關重要。

雖然參考系拖曳效應的預測在愛因斯坦發表新的重力理論後幾年內就被提出，但陀螺儀運行的效應直到一九六〇年代才被計算出來，二十一世紀才被實驗證實。

LAGEOS衛星網絡的衛星圍繞自轉的地球，透過測量衛星的軌道變化，提供對於參考系拖曳的觀察。等待已久的陀螺儀實驗則於二〇一一年由名為「重力探測器B」（Gravity Probe B）的任務執行。這個實驗測量了測地線進動和參考系拖曳的效應，準確度分別約為〇・三％與二十％。LAGEOS衛星對應的結果準確度估計在五到十％之間。所有結果再一次與愛因斯坦的理論一致。

我們現有的證據都非常支持愛因斯坦的重力理論。這個理論的基本假設，例如質量恆定與自由落體的普遍性，都以極高的準確度被驗證了。牛頓理論的基礎暨愛因斯坦理論優秀的第一近似——平方反比定律，從毫米以下到天體的距離尺度範圍都得到證實。此外，針對愛因斯坦理論細微的效應，現在我們手握數個準確的實驗結果。因為這些資料，我們得以從直接的實驗觀點，窺探物質與時空彎曲的關係，而且目前一切都非常符合愛因斯坦的預測。

愛因斯坦的理論幾乎純粹靠思考建構，而這些實驗證實了他的理論。這真的非常了不起。愛因斯坦希望得到一個和光速不變原理相容的重力理論，他做到了，而且我們現在已經看到在他革命性的宇宙圖像中發生的許多效應。但這還不是故事的結局。愛因斯坦的重力理論還有許多驚人的結果，我們將在之後的章節繼續討論。

第三章

太陽系外的重力測試

我們能夠在太陽系中探索多種多樣的重力效應，是因為我們能夠輕易接觸附近的行星與衛星，且其中許多觀測可以達到高準確度。但是，它們產生的重力場其實頗弱，因為在太陽系內的天體移動速度較慢，而且密度不大。如果我們把眼光放遠一點，就能看到比我們所處的太陽系更加極端的天體。

我們從恆星的生命開始思考。人們認為，第一代恆星是從氫氣雲中誕生的。大爆炸後產生的氫氣雲在自身重力場的作用下塌縮，然後變得又熱又緻密，接著發生了核反應，這些反應向外的壓力越來越強，足以平衡重力向內的吸力。一顆因塌縮的氣體經歷猛烈的核反應所形成的炙熱的球——恆星——就這樣誕生了。當然，這個氣體塌縮與核反應的過程，也同樣發生在我們的太陽上。

但恆星的故事還沒結束。像太陽這樣的恆星，生命長度有限。核融合需要的氫氣會用盡，而恆星就得開始燃燒其他物質。這會使它膨脹成一顆紅巨星。最後，這些替代氫氣的燃料也會耗盡，於是恆星的重力塌縮重新開始。這個時候，什麼能阻止塌縮端看恆星的大小。小的恆星會變成一顆「白矮星」（white dwarf）。這個狀態下，電子的量子力學性質會防止它變得更小。此時，恆星內的空間已經不可能容納更多電子。

如果恆星稍微大一點，它就會變成「中子星」（neutron star）。這種類型的恆星，核融合到了最後會導致它的核心塌縮，接著造成巨大的爆炸，這一劇烈爆炸被稱為「超新星」（supernova）。這個過程中，重力強大到足以強迫電子與質子結合成中子。電子壓力於是沒了，而這顆恆星塌縮到中子非常密實的程度，以致同一空間再也容納不了更多中子。到最後，形成的中子星密度和原子核差不多，就某方面而言，一顆中子星可以被想成一個巨大的原子核（但沒有任何質子，也沒有電子環繞它）。中子星非常小，密度很大。它們的密度比任何存在於太陽系的物體都大，而且往往以極度高速運動。

但中子星不是恆星塌縮最極端的天體。這個頭銜應該要給一個叫做「黑洞」（black hole）的天體。如果一顆恆星質量是如此之大，就連中子的壓力也無法支撐，那麼它就會塌縮成黑洞。黑洞是自然界中數一數二極端的天體。這種類型的場縮之後，只剩下重力場本身。黑洞由一個被「事件視界」（event horizon）圈住的時空區域組成。黑洞的重力場非常強大，任何進入事件視界的東西永遠都出不來，就連光也是。這也是「黑洞」這個名字的由來。

在這一節我們會考量包含上述天體的恆星系統。現在天文學家已經發現很多這樣的系統，藉由觀測這些系統，讓我們能以無法在太陽系中進行的方式，來探索重力。這些天體極端的本質放大了愛因斯坦的理論效應，雖然它們距離我們非常遙遠，仍為我們打開了一扇新奇的窗，看看重力的效應。

赫爾斯—泰勒脈衝雙星

「赫爾斯—泰勒脈衝雙星」（Hulse–Taylor binary pulsar），又稱為 PSR B1913+16，是一個恆星系統，裡頭有兩顆中子星繞著彼此運行。這個系統了不起的地方在於其中一顆中子星是「脈衝星」（pulsar）。從地球觀看時，脈衝星會發射規律的脈衝輻射。這個輻射來自圍繞恆星的強磁場，造成強烈的光線，從表面反射出去。加上中子星快速旋轉，這些電波在遠方的天文學家眼裡看來就像快速的輻射閃光，很像水手在燈塔附近看見的閃光。

一九六七年，英國天文學家喬絲琳．貝爾．伯奈爾（Jocelyn Bell Burnell）和安東尼．休伊什（Antony Hewish）首次發現脈衝星。這兩位天文學家看見輻射的閃光，雖然現在知道那代表脈衝星存在，但在當時相當意外。其實，他們原本以為那些閃光可能是另一個文明的信號，甚至把信號來源命名為「小綠人一號」（Little Green Men-1, LGM-1）。後來，又有其他類似的信號出現在天空的其他地方，這才知道原來脈衝來自快速旋轉的中子星。現在我們已經知道有上千顆脈衝星存在，未來還會發現更多。

美國物理學家約瑟夫．泰勒（Joseph Taylor）與羅素．赫爾斯（Russell Hulse）在一九七四年發現的 PSR B1913+16，其重要性不在它是脈衝星，而在它是一顆圍繞另一顆中子星運行的脈衝星。這個結論基於他們發現脈衝抵達的時間些微不同。換句話說，脈衝抵達的時間有時候早三秒，有時候晚三秒。這個變化發生的週期大約是七小時又四十五分鐘。由於脈衝星每秒發射十七次脈衝，於是我們可以畫出一個具有明顯振動模式的脈衝圖案。對於這個現象唯一的解釋就是脈衝星繞著另一個天體運行，而軌道的半徑大約是三光秒（就是光走三秒的距離，相當於一百萬公里）。

所以我們知道赫爾斯—泰勒脈衝星是雙星系統的其中之一，但還是沒看到這個系統的另一個天體。這代表另一個天體並不是一般的恆星，但是質量必須和一顆恆星差不多。於是，最有說服力的解釋就是，那顆脈衝星是雙星系統的一部份，而系統中的另一個天體是不會脈動的中子星（或者，至少，不會朝我們的方向發出脈衝）。

重力研究對這樣的系統特別感興趣，因為裡頭的天體密度極大，而且以極度高速繞著彼此運行。因此愛因斯坦理論預測的微小效應在這個系統會更加突出。

其中一顆中子星發射的信號和原子鐘一樣準確，這更是錦上添花，我們可以從這個信號得到更多關於重力作用的詳細資訊。

自從一九七四年發現赫爾斯—泰勒脈衝星後，科學家就開始收集這個系統的資料。主要的工具是位於波多黎各、電波天線寬達三〇五公尺的阿雷西博（Arecibo）望遠鏡，（看過電影《黃金眼》〔*GoldenEye*〕的人應該知道），它對這個脈衝雙星系統收集了大量數據。後面我會談到其他已知存在的脈衝雙星系統，但是它們都不像赫爾斯—泰勒脈衝星被觀察這麼久。因為這個系統的資料庫非常龐大，才能進行某些非常精準的重力測試。

現在我們進入細節，看看重力的資訊如何寫在脈衝星的信號中。其中一個方法是，當脈衝星行經系統另一顆中子星的重力場時，觀察信號經歷的時間延遲和紅移效應。回想一下，這兩個效應都在太陽系被測量到。現在有兩顆遙遠的中子星，圍繞彼此運行的距離和我們的太陽半徑相當，從它們身上也可以測量到這兩個效應。

另一個更為人熟知，而且在赫爾斯—泰勒雙星系統看得見的效應，就是軌道進動。如同水星軌道在太陽周圍進動，在赫爾斯—泰勒雙星系統的中子星也繞著彼此進動。相較我們太陽系類似的效應，赫爾斯—泰勒雙星系統一天的軌道進動相當水星一個世紀。

最後一個可能在脈衝雙星系統測量到的是由於重力波向外傳播造成的軌道週期變化，這個效應是不可能在太陽系觀測到的。我們還沒討論到重力波，它是愛因斯坦理論中一個明確的預測：它們是存在於時空中的波紋，可以將能量傳遞到系統之外。牛頓的理論中沒有對應這個現象的部分，所以對於測試愛因斯坦的重力特別有意義。我會在第四章詳細解釋重力波，包括為了直接測量它們所付出的努力。現在，我們只需要知道愛因斯坦預測了重力波，而且重力波從繞行的天體向外傳播時，會將能量帶出雙星系統。

所以有三種相對論的效應可以從赫爾斯—泰勒系統的脈衝抵達時間測量，分別是：中子星伴星重力場導致的時間延遲效應；雙星的軌道進動；由於重力波損失的能量導致繞行週期減少。這三種效應中任兩種的資訊都可以用來推斷中子星的質量（在發現脈衝雙星前，還沒有什麼方法能測量中子星的質量）。第三種效應的資料則可以用來檢視愛因斯坦的理論是否正確。

利用上述方法，可以確定赫爾斯—泰勒雙星系統的兩顆中子星質量為太陽的一·四倍。推斷方法是利用時間延遲效應的大小以及軌道進動的值，前者測量的準確度約為〇·〇二％，後者準確度為〇·〇〇〇一％。從兩顆中子星的質量，我們就可以計算愛因斯坦的理論所預測的重力波帶走多少能量，以及軌道週期的變化。愛因斯坦的理論預測赫爾斯—泰勒雙星系統的軌道半徑每年約減少三·五公尺，天文觀測的結果證實了他的預測，觀測的準確度約在〇·二％。這是對愛因斯坦重力理論的一項重要證實，赫爾斯與泰勒也因此獲得一九九三年的諾貝爾物理學獎。

最後一個赫爾斯—泰勒脈衝星應該會發生的效應是測地線進動（即陀螺的軸改變方向）。因為脈衝星自己就像一個繞著伴星軌道公轉的陀螺，所以這個效應會被記錄在從脈衝雙星系統傳來的信號中。雖然可能已被觀測到，但目前對資料的解釋還不夠好，無法精準檢驗愛因斯坦的理論。這主要是因為我們還不清楚脈衝是來自中子星表面哪個區域。

赫爾斯—泰勒脈衝雙星提供幾個極佳的重力測試，但是儘管這個系統的歷史意義獨特，它已經不再是我們所知唯一的脈衝雙星系統。接下來看看一些新發現的系統，在它們身上獲得的對於重力理論的驗證，和在赫爾斯—泰勒脈衝雙星系統上得到的一樣厲害，而且未來甚至會超越它。

其他脈衝雙星系統

赫爾斯—泰勒脈衝雙星系統因為具有重大的歷史意義，所以不僅有學名（PSR B1913+16），還有以發現者命名的殊榮。其他脈衝雙星系統通常只會以學名稱呼。習慣上，我們把這一系統稱作「PSR」，代表輻射脈衝源（Pulsating Source of Radiation），接著以赤經和赤緯（指示天空位置的座標）寫下它在天空的位置。字母「B」和「J」用來表示脈衝星是在一九九三年之前或之後發現（之後記錄的位置準確度通常較高）。

直到二〇〇六年以前，我們只知道其他八個軌道週期少於一天的脈衝雙星系統。這些系統其中幾個具有特殊性質，剛好能讓我們研究重力，而且雖然它們被觀測的時間沒有赫爾斯—泰勒系統那麼長，依然能夠為重力如何運作提供洞見。這一節的其他部分，我會簡短摘要這些系統最有趣的幾個，最後展望太陽系外重力測試的未來。

我們從 PSR B1534+12 開始。如同名字所示，這個脈衝雙星系統在一九九三年之前發現。這個系統最了不起的地方就是，它看起來幾乎是完全側向的。意思就是，我們的視線幾乎完全和這一系統的軌道平面重合。這放大了無線電信號的延遲時間，因為在軌道上的某些點，來自脈衝星的無線電波必須非常接近它的伴星，之後才能往地球來，讓天文學家觀察到。這顆脈衝星也有特別強和窄的無線電脈衝，因此是非常好的時鐘。可惜我們還不能非常準確地測量地球與這個系統的距離，限制了用它進行重力試驗時的精準度。因此，這個系統提供的重力資訊尚不如赫爾斯—泰勒系統。

另一個特別有趣的脈衝雙星系統是 PSR J1738+0333。一般認為，這個系統有顆脈衝星繞著白矮星運行（白矮星是中子星的哥哥，詳見本節前文介紹）。這個系統特別在於，兩個天體彼此差異極大，所以我們能夠利用它進行關於重力的新測試。

愛因斯坦的理論指出，重力波從雙星系統發射時，對於兩個天體是否相似不是那麼敏感。然而，其他重力理論則預設重力波對兩個天體是敏感的。我們可以觀察 PSR J1738+0333 這類系統因重力波損失多少能量，從而檢驗愛因斯坦的理論。如果愛因斯坦錯了，我們會看到 PSR J1738+0333 以異常高的速率喪失能量。但是目前為止尚未偵測到這樣的異常，所以愛因斯坦的理論再次獲得驗證。

事實上，二〇〇六年之前最令人興奮的系統就是 PSR J0737-3039A/B。科學家在二〇〇三年發現這個系統，而且這個系統具有數個幾乎不可思議的性質。最主要的是，系統中的兩顆中子星都被觀察到發出脈衝，所以被稱為「雙脈衝星」（double pulsar）。系統中另一個天體不再只是被動的伴星，不再只能提供重力場給脈衝星的無線電信號通過。

在這個系統中，兩個天體都發出脈衝，所以兩者的軌道都能以之前不可能的方式被追蹤。除此之外，這兩顆脈衝星還以極高的速度移動（即使以雙中子星的標準來看），而且這個系統幾乎是側向的。這些性質相加，大大增強相對論重力在這個系統的效應，強到二〇〇八年其中一顆脈衝星進動得極遠，以至於我們都觀測不到它的無線電脈衝了。

如今，我們不再需要花上幾十年，才能觀測到愛因斯坦重力理論產生的微小的效應；有了雙脈衝星系統，短短幾年就可以見到。PSR J0737-3039A/B 提供的重力波證據甚至比赫爾斯－泰勒脈衝星更好。因為兩顆脈衝星都看得見，相較赫爾斯—泰勒提供三種測量中子星重力場的方式，這個系統提供了「六種」。確定兩顆中子星的質量後，一個單一系統就有四個獨立的重力測試。愛因斯坦的理論將再一次大獲全勝。

未來

雖然我們已在太陽系以外的系統發現許多驚奇，但未來還是極有可能有更多展望。之所以會這麼樂觀，是因為新一代的望遠鏡陸續建造中，其中最大的叫做「SKA」（平方公里陣列〔Square Kilometre Array〕）。SKA 望遠鏡的設計用意在於接收遙遠來源的無線電波，而且建造規模在地球是前所未見。

SKA 由數千個無線電電線和電線盤組成，覆蓋包括南非、澳洲，以及其他數個撒哈拉以南的國家。望遠鏡收集資料的面積（所有電線盤和電線相加）高達一百萬平方公尺，比任何其他曾經建造的無線電望遠鏡更敏感五十倍，而且將需要具備比現在所有網路流量相加還大的電腦網絡。SKA 估計花費大約二十億歐元，由澳大利亞、紐西蘭、加拿大、中國、印度、南非、義大利、瑞典、荷蘭、英國、德國等國家共同合作，提供資金。無論從哪種標準來看，SKA 都是前所未有的巨大事業。

像 SKA 這種規模的計畫需要長時間擬定與打造，但在二〇二〇年開始接收資料後，人們將能利用它進行一些從前不可能進行的實驗。為了研究重力，最重要的實驗之一就是觀測數量極多的脈衝星。首先，SKA 非常可能發現大量新的脈衝雙星系統，每個都可用上一節描述的方式研究重力。第二，更令人興奮的是，SKA 可能會偵察數百顆快速旋轉的「微秒脈衝星」（microsecond pulsars，即每秒旋轉數百萬次的脈衝星）。透過仔細測量來自這些脈衝星的信號抵達時間，SKA 能直接測量長波重力波通過我們所在的位置時的效應。也就是說，SKA 可看作是一台巨大的重力波探測器。

天文學家期待，相較觀測太陽系內的天體，SKA 對於重力現象的觀測將準確一百倍。這將是巨大的進步。目前，作為重力最好的試驗場，脈衝雙星的觀察才剛開始超出太陽系的觀察。SKA 會是非常好的工具。

除此之外，SKA 甚至還提供幾個測試重力誘人的可能性。其中一個就是利用 SKA，在宇宙中非常大的距離尺度測試重力如何運作。我會在第五章回到這點。另一個可能性是發現一顆軌道靠近黑洞的脈衝星。一般認為黑洞是宇宙中最極端的重力場，是大顆恆星以無法停止的速度向內塌縮。一顆脈衝星與黑洞組成的雙星系統應該相當罕見，但是如果真的存在，SKA 就有機會發現它們。這樣的系統可以提供最極端的環境測試重力，是一個非常激勵人心的構想。

太陽系外重力物理學之所以被看好，另一個較直接的理由是最近發現的另一個新型脈衝星系統。二〇一四年，一個天文學家團隊宣布他們發現一顆脈衝星，繞著不只一顆，而是兩顆白矮星運行。他們將此三星系統命名為「PSR J0337+1715」。三星系統中可能的軌道比雙星系統更為多變，而且看起來該系統彷彿以一種階層的方式組成，所以脈衝星與其中一顆白矮星的軌道較接近，而另一顆白矮星運行的軌道距離它們兩顆較遠。在較外面的白矮星似乎造成較裡面那對天體加速運行。三星系統形成一種新的實驗室，可以研究強的重力物理。

我們可以期待，包括 SKA 在內的新型望遠鏡會幫助我們研究雙重與三重的脈衝星系統。天文學家甚至可能因此觀察到參考系拖曳現象（見第二章），其中空間本身隨著恆星旋轉而被拉扯。這樣的測量不只會是重力物理學研究的興趣，想要知道中子星內部物質表現的天體物理學家也會感興趣。如果可以做到這樣的觀察，我們將能夠研究密度高達每立方公分一萬億公斤的物質。

第四章

重力波

第三章曾提過「重力波」，現在讓我們來詳細討論它。回想第一章，在愛因斯坦的理論中，重力是由於時空彎曲。具有質量的物體，例如恆星與行星，改變了它們存在的時空的形狀，導致其他物體行經那個時空時發生軌跡彎曲。若錯誤地認為這些物體的運動是在平坦空間，就會導致我們推論出有一種稱為「重力」的力。事實上，這一切只是時空彎曲的作用。

這件事情和重力波的關連是，如果有一群具有質量的物體相對運動（例如在太陽系，或在一個脈衝雙星系統），那麼它們存在的時空彎曲就不是一成不變。具有質量的物體導致時空彎曲，所以如果那些物體處於運動狀態，時空彎曲應該就會不斷改變。用科學的方式描述這個情況就是，在愛因斯坦的理論中，時空是個動態實體。

以我們之前討論的超新星為例。在它們的核心塌縮導致災難性的爆炸之前，它們是相對穩定的天體，差不多就像我們的太陽。因此，在生命的這個階段，它們彎曲周圍時空的方式應該和太陽一樣，也應該有類似的重力場。它們爆炸之後最終會形成中子星或黑洞，再次回到相對穩定的狀態，重力場也不會隨時間變化太多。但在爆炸期間，它們會噴射大量的質量和能量。它們的重力場會隨著這個過程快速變化，它們周圍的時空彎曲也是。

就像任何被迫失去平衡並快速改變的系統一樣，擾動會以波的形式呈現。用一個較簡單的例子表示，就是當你把石頭丟進一個本來靜止的池塘，石頭在某個點上造成某個量的水快速改變。池塘裡的水想要恢復寧靜的初始狀態，於是傳遞這個擾動，以漣漪的形式往石頭掉落的點向外移動。同樣地，原本安靜的房間突然出現響亮的聲音，來源是某個點（例如立體聲揚聲器）的氣壓改變。空氣試著回到穩定狀態時，對氣壓的擾動會以壓力波的形式向外傳遞，而我們感知這些壓力波為聲音。

重力也是如此。如果質量或能量的運動使時空彎曲失去平衡，那麼這個擾動便以波向外行進。當恆星塌縮時，它的外殼會被爆炸的壓力噴射出去，此時就會產生重力擾動。和池塘的例子相似，這個發生在恆星身上的粗暴過程擾動時空彎曲，擾動以波向外傳遞。

波傳遞的速度通常取決於它們行進的介質。例如，我們知道聲波在溫水中比在冷水中傳遞得稍微更快。重力波的介質是時空本身，而且根據愛因斯坦的理論，重力波傳遞的速度和光速一模一樣。而且就和光一樣，它們的速度應該也和觀察者的運動無關，與其來源的運動也無關。因此它們以可能的最高速度向外傳播，畢竟沒有什麼東西能比光速更快。

重力波的效應

想要了解什麼是重力波，思考重力波經過一群物體時會對它們造成什麼效應，也許會有幫助。比如說，如果你嘗試對一個不熟悉水的外星人描述池塘裡的波是什麼，你可能會先說，那道波的效應就是讓浮在池塘表面的百合花瓣反覆流暢地上下移動。現在，我們來看看重力波的情況。

先來考量漂浮在太空中一團均勻的氣體雲。這麼設想可以去除地球本身重力場的效應，因為地球本身的重力場比任何我們可能看到的重力波要強好幾倍，此外也去除氣體雲可能會與其他任何東西交互作用的干擾。如果重力波行進穿過氣體雲（見圖8），則其主要作用是使氣體沿著垂直於氣體傳播的方向移動。換句話說，如果那道波是從左到右行進，那麼氣體中的粒子就會往上下，以及紙面內外的方向移動。

重力波在氣體雲上的作用，一開始看起來可能有點像波被氣體本身支撐，就像池塘的波被水支撐。但其實兩者完全不同。重力波是時空本身的波動，因此重力波對氣體雲的作用，比較類似水波對池塘表面的花瓣的作

圖 8　一道波穿過氣體雲的示意圖。波從左行進到右，氣體中的粒子就被往上下，以及往紙頁內外移動。

用，而非對池塘裡的水的作用。也就是說，重力波並不是氣體中的波，而是在氣體存在的時空中，一個正在傳遞的擾動。

在這個例子中，重力波實際的作用是改變了與傳遞方向垂直的空間容量。這意謂著，雖然氣體中的原子會比波通過它們時更加靠近（或離得更遠），但原因不是原子移動了，而是因為兩者之間的空間容量已經被波減少（或增加）。重力波藉由改變物體之間有多少空間而改變物體之間的距離，而非在一個固定不變的空間移動它們。之所以可以這樣，是因為在愛因斯坦理論中的空間不是固定的，而是動態的。

為了更詳細思考重力波的效應，現在我們想想一個粒子環，並想想如果一道重力波通過這個環會發生什麼事。如圖9的情況，想像這道重力波由下往上走出頁面的平面。這道波只對與傳遞方向垂直的方向起作用，因此頁面上的粒子環應該能夠告訴我們這會造成什麼效果。

如果粒子最初排列成完美的圓形，而且彼此相互分離，也不連著任何其他東西，那麼重力波的作用會從一個方向壓縮圓形，並從另一個方向拉長。結果就是粒子開始形成一個橢圓。隨著重力波通過，波會平順地拉長圓形，直到形狀改變達到極限，接著這個過程會反過來，沿著之前拉長的方向壓縮這個圓。這樣往不同方向拉長與擠壓的過程如圖9，並持續直到波通過為止。

重力波發射的效應已經在脈衝雙星系統討論過。重力波帶著能量遠離系統，所以兩顆中子星緩慢朝彼此繞行。脈衝雙星中測量到的旋入速率就是重力波存在的很好的證據，但是科學家也想嘗試直接觀察到重力波的效應。

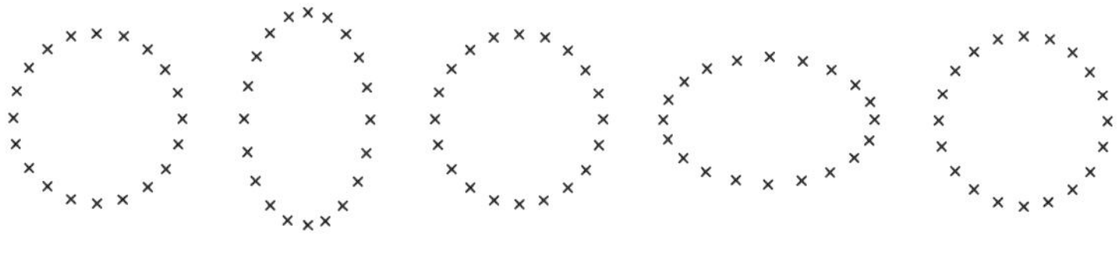

圖 9　如果一道重力波由下往上（直接出去這個頁面）經過一個粒子環，粒子環會如何變形。最左邊是最初的形狀，其他（從左到右）顯示粒子環在四個連續的時刻的變化。

二〇一五年九月，LIGO 首次成功直接觀測到重力波，這件事情令人特別興奮，因為我們得以用完全新的方式觀看宇宙。這是史上第一次，我們不需要依賴光來看到遠方的物體，因為現在我們能夠透過它們的重力場直接看著它們。例如，我們能夠看見黑洞碰撞的情況。

因為能夠直接偵測重力波，所以我們也能用新鮮刺激的方式檢驗愛因斯坦的重力理論。整體而言，我們可以從一道經過的重力波，想出數種不同的效應。例如，圖 9 中粒子環的面積可能改變，或者空間可能沿著重力波傳遞的方向變形（垂直方向亦同）。愛因斯坦提出的時空彎曲方程式否定了這些可能性，但是如果他錯了，那麼上述這些可能性就可能存在於自然界。

利用 LIGO 這樣的實驗，我們可以看看重力波是否具有愛因斯坦預測的特殊效應。這又是愛因斯坦理論的另一項測試。除此之外，我們還能以全新的方式窺探黑洞相撞時的情況，為重力物理學的研究帶來更多令人興奮的可能性。

重力波探測器

一九一六年，愛因斯坦首度預測重力波存在，接著，經過將近一個世紀的努力，科學家在二〇一五年首度探測到重力波。為什麼用了那麼長的時間？主要是因為重力波信號的振幅極小。圖9是為了更好展示重力波，而將其效應誇大了。在現實中，圓環的形狀變動應該大約只會在 10^{-20} 的程度。換句話說，如果我們做出一個寬一千公里的粒子環，重力波造成的形狀改變不會超過 10^{-12} 公分。所以很顯然的，這非常難以探測到。

儘管困難，又或許正是因為困難，反而激發了許多人為直接探測重力波而努力。這項探測工作早期經常使用稱之為「韋伯棒」（Weber bars）的工具。這個工具以馬里蘭大學的約瑟夫．韋伯（Joseph Weber）命名，是一個大型的金屬圓柱，大約一公尺寬，兩公尺長。設計的概念是，如果一道重力波通過地球，因此通過探測器，就會導致韋伯棒發出鈴聲，就像鐵鎚敲到鐘。若想讓這樣的事情發生，重力波需要在剛好正確的頻率。如果這樣的波存在，應該能夠造成韋伯棒的微小震動。

用來觀察韋伯棒是否震動的探測器，其靈敏程度能夠偵測一千萬億分之一的波長變化。然而，就連這麼靈敏的探測器，也不夠測量現在我們已知存在的重力波。不過，韋伯棒還是收到過幾次假警報。一九六八年，韋伯宣稱他有證據證明重力波存在，那可是會讓他成為諾貝爾獎熱門人選的重大發現。可惜的是他宣稱的發現無法被重複實驗，而且現在普遍相信那個有誤。

至今還是有人使用某些現代版的韋伯棒。例如在荷蘭萊頓大學（Leiden University）的 MiniGRAIL 實驗。這個實驗包括一顆一一五〇公斤的金屬球，大約比韋伯用的工具敏感一千倍。但是，現代多數重力波的探測用的是另一個不同技術，稱為「干涉法」（interferometry）。原則上，基於這個技術的探測器都和第二章提到的邁克生－莫雷裝置相似，但現代的干涉儀裝置比以前要大得多。截至本書完稿時，世界上最大的重力波干涉儀是在美國的 LIGO。

LIGO，或稱雷射干涉重力波天文台（Laser Interferometer Gravitational-Wave Observatory），有兩個運作基地，一個在路易斯安那州的利文斯頓（Livingston），另一個在華盛頓州的里奇蘭（Richland）。每個站都有一座大型的干涉儀。干涉儀有兩隻「手臂」互成直角（如圖6），每條干涉臂皆數公里長，包含一支約一公尺寬的近真空管。這些真空管的尾端懸掛著反射鏡，將打入真空管的雷射光反射回來。回到干涉臂交會處的雷射光就是研究對象，從兩道雷射光交會形成的圖案可以推論每條干涉臂的長度。當一道重力波通過干涉臂，干涉臂的長度會改變，於是交會的雷射光形成的圖案也會改變。

LIGO探測器極為準確，而且靈敏度約是韋伯棒的一百萬倍。達到這個準確度的技術挑戰極大。實驗人員必須克服各種汙染資料的雜訊，這些雜訊可能是地震噪音，也就是地球微小的內部運動造成反射物體震動，也可能是戶外強風引起的震動。事實上，這些探測器現在非常準確，目前的限制因素是雷射光由光子構成，所以無法從反射鏡發出連續的信號。

儘管有這些大問題，還有巨大的財務、政治、工程等困難必須克服，LIGO 探測器最後仍獲得盛大成功。二〇一五年九月十四日，人類利用 LIGO，首次從黑洞碰撞探測到重力波存在的直接證據。這件事情的重要性強調不完，它將來可能成為我們這個時代數一數二的科學成就之一。因此，我們來更詳細了解一下 LIGO 實驗。

LIGO 的重力波觀察

二〇一五年九月十四日，上午九點五十分四十五秒（格林威治標準時間），位於路易斯安那州利文斯頓的 LIGO 重力波探測器的干涉儀偵測到波動。信號僅僅持續〇．二秒，而且那條長四公里的干涉儀，長度似乎因此改變了約為千分之一質子的寬度。大約〇．〇〇七秒後，位於華盛頓州漢福德（Hanford）的探測器也偵測到相似信號。警鈴因此響了，進行這個實驗的科學家馬上確定：他們已經偵測到通過地球的重力波。

在我們討論造成重力波的事件前，先想想信號本身。如果你去看任一 LIGO 站的資料，那其實就像探測器裡持續的噪音後方一個小點。那個信號在高峰的時候，相較於汙染探測器輸出的隨機噪音，振幅大約只是兩倍左右，因此很難被注意到，也很難確認那是不是真的信號。

科學家如此確信那是重力波的原因有兩個。首先，兩個在不同地點的探測器，出現的擺動非常相似。地球上某處出現隨機的震顫，繼而造成像是重力波的東西，並非不可能；但是，同時在兩個不同的地理位置出現是極不可能的。第二個原因也很重要：LIGO 的科學家知道波應該是什麼形狀，因此他們可以掃描資料尋找它們的信號，這個過程叫做「匹配過濾」（match filtering）。綜合上述兩個事實，LIGO 的科學家幾乎有百分之百的信心確定他們觀察到的擺動，真的是由於重力波經過，而非雜亂的噪音來源。

LIGO 實驗團隊製造並操作的是兩個有史以來最精密的科學設備，這個結果當然是非凡的成就。同時，這對眾多的理論物理學家而言也是一項重大成就。這是因為我剛才提到的匹配過濾過程對探測非常重要，需要詳細模擬自然界中某些最極端的重力場——合併中的黑洞。唯有了解黑洞相撞時的細節，科學家才能為 LIGO 可能偵測到的重力波信號製造過濾器，這可比想像中要困難非常多。兩個黑洞有數個不同的合併方式，而且需要超多數學與計算機工作，才能理解愛因斯坦的理論預測的重力波到底應該如何從這樣的系統發射。

在這邊不討論這些繁瑣的數學，但我們應該想想實際造成這些重力波發射的天體物理事件。從探測器中的信號形狀，以及之前描述合併中的黑洞細節模擬，一般認為這些波是兩個黑洞在真正合併為一個大黑洞前，朝著彼此盤旋所造成。這個情境中，兩個互相靠近的黑洞的質量分別大約是太陽的二十九與三十六倍，而合併完成後形成的黑洞，質量大約是太陽的六十二倍。這個過程聽起來平和，但事實上可能是自然界中數一數二劇烈的。

眼尖的讀者可能會注意到，二十九加三十六不等於六十二。這是因為重力波在合併期間向外發射，帶走了三個太陽質量的能量（回想愛因斯坦的理論中，$E=mc^2$）。對一個系統而言，這是非常大的能量損失，所以才說這個過程非常劇烈。把這個數字放在脈絡中，想想以下情況：這兩個黑洞發射重力波時，發出的能量比所有宇宙中可觀察到的恆星能量相加還多。十三億光年以外也可以觀察到它們，是整個可觀察的宇宙相當大的一部分了。這在重力物理學家眼中，是非常極端又令人感到非常興奮的事件。

未來的展望

雖然現在已經探測到重力波，但我們沒有理由就停留在此時的成就。LIGO的探測以及長期探索的結果，是新型天文學的開始。能這麼樂觀的原因是，幸運的話，LIGO將會繼續探測到更多的重力波。此外，由於新一代的重力波探測器正在計畫建造，包括可能在美國以外的地方建造一個 LIGO 站，目前偏好的地點是印度[2]。更多的探測站將會增加 LIGO 的能力，確定天空上重力波的來源方向，讓重力波成為更好的新工具，在缺乏光線的情況下進行天文研究。

除了 LIGO 之外，未來探測重力波的另一個可能性是名為「eLISA」（演化雷射干涉太空天線〔Evolved Laser Interferometer Space Antenna〕）的計畫。歐洲太空總署提出在太空創造探測器，即 eLISA 任務。

相對在地球上的重力波探測器，eLISA 有幾項優勢。首先，就是可以免除地震噪音，這代表這個探測器會對一些在地上極難偵測到的頻率出現反應。此外，eLISA 可以比地球上的探測器大許多，因為雷射光可以直接在人造衛星之間發射，不用包裝保護。eLISA 打算在三個不同的人造衛星之間創造三角形的雷射光束，而且每個人造衛星之間相隔幾百萬公里。重力波探測器越大越好，所以 eLISA 為未來的探測帶來大好的前景。

但是，即使 eLISA 的干涉臂可以很長，地震噪音可以完全消失，仍存在一些挑戰。太空中的環境接近真空，但並不是完全空無一物。太陽拋出的帶電物質，以及不斷朝地球轟炸的宇宙射線，仍有可能會干擾這些太空探測器。在地面上的我們因為地球的大氣層和磁場不受這類干擾，但太空中的重力探測器可不是。此外，在太空中設置並維護實驗也會困難許多。儘管有這些挑戰，但對於建造 eLISA，並用來偵察太空中的重力波，還是可以寄予厚望。

還有一個未來可能偵測重力波的方法，就是利用宇宙學的可觀察物件。宇宙學是宇宙整體狀態和演化的研究。在接下來的宇宙任務中，我們期待發現更多重力波在宇宙中留下的痕跡。關於這點，將在第五章詳談。

2 編按：位於印度的 LIGO 天文台正建造中。

第五章

宇宙學

二十世紀初，亞伯特．愛因斯坦和愛德溫．哈伯（Edwin Hubble）的研究問世後，宇宙學成為一個科學學科。愛因斯坦提出可能可以合理思考整個宇宙的理論，而哈伯則首先提出某些證據，顯示宇宙正在膨脹。二十世紀之前，這些都是不可想像，而且宇宙學幾乎完全停留在宗教與哲學的領域。二十世紀之後，宇宙學開始作為科學蓬勃發展，而且近期逐漸成為一項精密科學。

重力的交互作用是宇宙學的研究基礎，因為在大的距離尺度上，重力主宰所有其他的力。可惜的是，光靠牛頓的重力理論不可能建立一致的宇宙模型。這是因為牛頓認為他的平方反比定律適用宇宙中的一切事物，而且即時傳播。這意謂著，根據牛頓的理論，我們在地球感受的重力場，應該是整個宇宙中每個天體的重力場的總和。這件事情本身不必然是個問題，但是當你試著把無限多個天體的重力場疊加起來時，就會出現問題。針對這個情況，牛頓的理論告訴我們，在宇宙中任何給定地點的總重力場，取決於我們加總所有這些天體的重力場的順序。這顯然無法令人滿意。

當然，現在我們知道牛頓的重力理論近似愛因斯坦的，只是後者理論更完整。還好上述問題並未出現在愛因斯坦的理論中。相反地，我們獲得相當豐富的模型，不僅自我一致，而且可以用來模擬我們所處的宇宙。事實上，因為愛因斯坦的焦點是時間與空間，所以我們透過他的理論理解的宇宙，比從牛頓那裡理解的更深。這是因為，利用愛因斯坦的理論，我們不僅可以模擬宇宙中天體的相對運動，也能創造一個模型，顯示構成宇宙的時間和空間如何表現。現在就來看看詳細內容。

宇宙學現代史

我們所知的現代宇宙學，源於一九二〇年代初期俄羅斯科學家亞歷山大·弗里德曼（Alexander Friedmann）的研究。他利用剛剛發表的廣義相對論證明，在所有空間點上相同，而且所有方向看起來相同的宇宙，應該不是膨脹就是收縮。

這個了不起的預測當時必定非常驚人，因為那個時候沒有天文學家能夠利用觀測得到這樣的結論。儘管如此，弗里德曼還是產出一組這樣的宇宙必須遵守的方程式，而且甚至已經意識到在這些模型中，空間的幾何不是平坦的，就是正曲率或負曲率。也就是說，他意識到愛因斯坦的方程式存在一些解，其中空間的幾何可以被彎曲，就像一顆巨大的三維球體的表面或馬鞍表面（見圖10）。

弗里德曼是宇宙學的先鋒，但是他的成果起初並未受到廣泛認可。愛因斯坦一開始批評他，認為他錯了。後來愛因斯坦提出另一個宇宙模型，而且在他的方程式引進一個新的項叫做「宇宙常數」（cosmological constant），強迫這個模型處於靜止

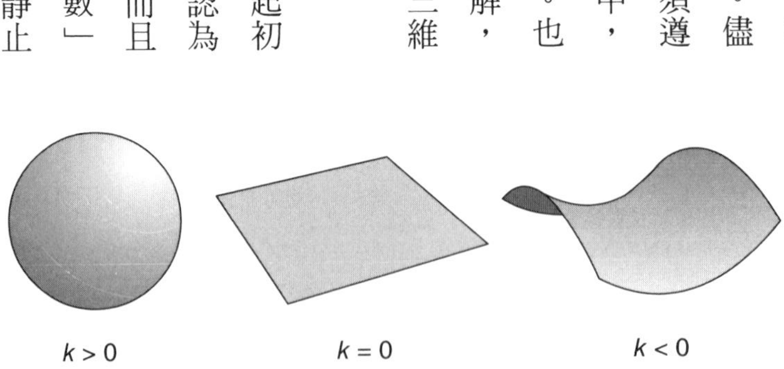

圖 10 表示空間常數正曲率（$k > 0$）、沒有曲率（$k = 0$）、負曲率（$k < 0$）的例子

狀態。

一九二〇年末，比利時神父喬治．勒梅特（Abbé Georges Lemaître）正在發展與弗里德曼相似的想法，他證明愛因斯坦的模型並不穩定。事實上，勒梅特和亞瑟．愛丁頓爵士曾經共事，並在一九二七年寫了一篇科學論文，表示觀測指出宇宙確實正在膨脹，後來成為著名的「哈伯定律」（Hubble's law）。這篇重大發現的文章一開始以法文發表在一本無名的比利時期刊。奇怪的是，當文章在一九三一年翻譯成英文，哈伯定律那一節消失了。儘管如此，勒梅特今日還是被視為現代宇宙學發展的重要人物。

弗里德曼和勒梅特都是數學家，而且雖然後者的天文學知識非常豐富，直到一九二九年天文學家愛德溫．哈伯（Edwin Hubble）發表他著名的研究，宇宙學才真正成為一門觀測的科學。哈伯透過計算天體（現在我們知道是星系）的距離與其運動，向世界展現宇宙正在膨脹。哈伯證明，一個星系後退的速度和它到我們的距離成正比（也就是說，如果星系A比星系B遠上兩倍，它後退速度應該也是兩倍）。這就是勒梅特從愛因斯坦的理論得出的預測，而且毫無疑問地證明了宇宙確實正在膨脹。愛因斯坦放棄了他的靜止宇宙觀點，而且說宇宙常數是他人生「最大的錯誤」。

宇宙膨脹這個現象和我們平常認為受到重力作用的現象看似相當不同，其實不然。宇宙大規模的膨脹和重力密切相關。實際上我們可以把弗里德曼、勒梅特、哈伯發現的膨脹，想成鄰近星系在重力交互作用下遠離彼此。

同樣地現象有個較生活化的例子，設想把一顆網球直接往上丟到空中。通常網球會先遠離地球表面直到最大距離，接著開始往下掉。然而，在網球上升過程中，它還是受到重力作用，而且利用重力作用的方程式，我們可以算出球運動的特性，例如未來給定某個時間，球的運動會多快。兩個鄰近的星系和這個例子非常相似。星系可能會分開，但它們移動的速度，以及它們會不會朝彼此回來，取決於它們之間的重力。利用愛因斯坦的理論，我們便可以建構一個所有天體都在相互遠離的宇宙圖像。

網球的類比有一個很明顯的問題。如果星系是互相飛離，就像我們丟出網球時，網球往上飛離地球表面，那麼這是否意謂星系最終會停止分離，然後開始往彼此靠攏？換句話說，宇宙最後會不會停止膨脹，而且開始重新塌縮？這是非常好的問題，而且答案可以再次從網球談起。如果我們不用丟的，反而用某種超級強力的砲台發射網球，那麼網球有可能永遠不會回到地球。科學家稱這種情況發生的速度為「逃逸速度」（escape velocity），而且非常容易計算。如果網球丟出的速度大於逃逸速度，它就永遠不會回到地球。如果小於逃逸速度，它最終會回到地球。

星系的狀態也是類似。如果它們彼此後退的速度足夠，那麼它們應該永遠不會回來，而宇宙應該永遠膨脹。如果後退的速度太低，那麼星系最終會彼此靠近，而宇宙就會開始塌縮。星系之間後退的速率稱為「哈伯速率」（Hubble rate），而它們永遠飛離彼此需要的速度稱為「臨界速率」（critical rate）。理論並不告訴我們宇宙膨脹的速率高於或低於臨界速率，為了查明，我們必須把將望遠鏡指向太空，進行觀測。

藉由觀測宇宙膨脹，我們因而有了另一個方式觀測重力交互作用的影響。實際上，我們可以提出並回答某些在太陽系中不容易透過實驗探究的重力問題。那些問題包括：重力總是具有相同強度嗎？光有自己的重力場嗎，就像愛因斯坦的理論預測那樣？物質的密度變得非常大時，重力會如何？我們能在宇宙學回答這些問題，有三個原因：宇宙學涉及的距離尺度很大、宇宙膨脹是事實、光速有限。現在讓我們來討論這些問題。

在日常生活中，我們通常會認為自己會在事情發生當下看見它。但這不是真的，因為光速是固定的（大約每秒三億公尺），光發射或從物體反射，其實需要花些時間才會實際抵達我們的眼睛。光速非常快，所以我們通常不會在意這種延遲。但是，當一個物體非常遙遠，這種延遲就會很大。例如，如果太陽突然爆炸，我們要等超過八分鐘才會知道任何風吹草動，因為那就是光從太陽發射到抵達我們需要的時間（而且沒有任何東西移動得比光更快）。

另一個思考這件事的方式是，當我們看著太陽，此時太陽的模樣，是它略多於八分鐘前的模樣。同樣地事也發生在宇宙學，但可觀測的宇宙比地球到太陽的距離大上非常多，所以效果更大。例如，光從最靠近的恆星到達我們這裡需要超過四年的時間，從最靠近的星系則要數萬年。如果我們觀測極其遙遠的天體，那我們實際上看見的是它們數十億年前的模樣。某方面而言，我們看向遠方，就可以看見過去，而且如果我們看得夠遠，就可以看見宇宙非常年輕的時候。

在熱力學中有個非常著名的實驗，就是當你壓縮一個物體（例如充滿空氣的氣球），物體會變得更熱。同樣地，如果你膨脹同一物體，它會變得更冷。宇宙也不例外。如果我們把膨脹中的宇宙想成放映中的電影捲軸，那麼如果我們倒轉捲軸，應該能看到較小、較熱的宇宙，直到它在非常早期迸出火焰的時候。上一段提到，我們實際上可以看見宇宙進化的早期階段，而且你可以期待，如果我們看得夠遠（因此看到過去夠遠的時間），就會看見一顆火球。

一九四〇年代末，美國天文學家拉爾夫．阿爾菲（Ralph Alpher）與羅伯特．赫曼（Robert Herman）首次預期這種可能性，但是直到一九六五年，才由無線電天文學家阿諾．彭齊亞斯（Arno Penzias）與羅伯特．威爾遜（Robert Wilson）意外觀測到。他們探測到的信號現在稱為「CMB」，即「宇宙微波背景」（Cosmic Microwave Background）。

發現CMB，即向世界確定天文學可以用來看見宇宙進化非常早的時期，當時宇宙完全是不同狀態。同時，這也開啟一扇門，能在嶄新的環境測試重力，那裡光的重力場比一般物質的更強，而且我們在那裡思考的時間和距離尺度，遍及整個可觀測的宇宙。

早期宇宙

一九六〇年代初期以來，宇宙學已經開花結果，成為觀測物理學與理論物理學研究完善的領域。數十萬星系的位置已經標示在圖上，我們已經看到好幾十億年前發生的天體物理學事件，而且彭齊亞斯和威爾遜發現的 CMB 已經到達不可思議的準確度。我們利用這些觀測來精準回答：「宇宙年齡多大？」「宇宙會不會永遠膨脹下去？」「宇宙中存在什麼類型的物質？」等問題。這些問題的答案有點令人費解，但是對於我們理解重力具有深刻影響。我們將在這一節討論。

我們先來看看時間開始的時候。如果宇宙在過去比較小也比較熱，那麼當我們考慮更早的時間，物體的密度應該更大。但事實上，當我們回溯時間，不是所有類型的物體密度就會以同樣地速率增加。光的密度（或物理學家常說的「輻射」），比起多數其他物質的密度增加得更快。這意謂在非常早的時期，輻射的密度比構成一般物體的電子、中子、質子高出許多。在這個情況下，影響宇宙膨脹主要的因素就是輻射的重力場。

在宇宙演化的過程中，輻射主導的階段相對短，只有大爆炸後幾萬年。儘管如此，那是非常有趣的階段，尤其對於重力研究來說。這個階段其中一個物理過程就是輕元素的合成（氫、氦、鋰等）。許多影響這個過程的因素中，最重要的是宇宙的膨脹速率。因為詳細的計算，以及觀測我們周圍宇宙中氫和氦的量，我們精確得知輻射在宇宙非常早期產生的重力場。這類研究與愛因斯坦理論的預測一致，不確定性的程度只有幾個百分比。這比在太陽系或在脈衝雙星系統觀測重力的精準度要低，但考量它測試的是數十億年前發生的事，結果還算不錯。

除了輕元素的合成之外，也有其他有趣的物理過程在宇宙的早期階段發生，而其中一個最終導致宇宙第一個天體物理結構形成。自從彭齊亞斯和威爾遜的發現後，人們知道早期的宇宙看起來非常接近完全光滑。非常接近的意思就是，並不完全光滑。這些天文學家發現，CMB 輻射中有非常小的波紋，而這些波紋被認為是最終變成今日我們周圍複雜星系網絡與星系團的種子。這些小波紋塌縮成為星系的主要原因就是重力，但在此之前，重力已經扮演了非常重要的角色。

在宇宙早期階段，重力與輻射之間有一場戰爭。一方面，重力想把物體集結成團，另一方面，輻射與物質交互作用，可以將物質散開。因此，在物質與輻射互動的池裡，任何微小的波動都會引起振盪，因為它們被重力拉在一起，又被輻射推開。這些振盪的週期取決於它們在太空中的大小，但是容易計算。這個物質密度的波動持續，直到宇宙冷卻到一定的溫度，然後變成透明（在非常早期的階段物體是不透明的，如前文所說，像顆火球）。在這個階段，輻射可以流過物質，一路暢通無阻，最終到達數十億年後的觀測者的望遠鏡。

彭齊亞斯和威爾遜發現的 CMB 正好就是這類型的輻射，兩人在火球結束後超過一百三十億年測量到。重力和輻射之間的戰爭在 CMB 中留下微小的波紋痕跡。這些波紋內含很多資訊，包括地球膨脹的速率、輻射與其他種類物質交互作用的方式，也包含我們在地球上觀察到輻射之前，輻射行經的空間的資訊。簡單來說，CMB 是科學的藏寶箱。

美國太空總署於一九八九年發射 COBE（宇宙背景探測者〔Cosmic Background Explorer〕），開始對 CMB 進行詳細觀測。這顆人造衛星實驗觀測整個天空的背景輻射，而且顯示輻射完全就是原始火球發出的形式。COBE 實驗也首次嘗試觀測先前討論的微小波紋。雖然最後COBE缺乏從這些波紋擷取許多資訊所需要的解析度，但這是充滿希望的開始。之後，科學家做了一系列以氣球為基礎的實驗。其中包括一九九〇年代末啟動的BOOMERanG和MAXIMA實驗。這些實驗的探測器解析度夠大，可以看到最大的波紋，而這個訊息足以證明宇宙極度接近膨脹的「臨界」值，就處在永恆膨脹和再次塌縮的邊界。然而，如果把它和我們今天在宇宙中觀測到的膨脹速度相比，你會發現一些奇怪的事：從火球出現到現今，這段期間一定有什麼東西加速了宇宙膨脹，而且是相當大的程度。

背景輻射實驗在二十一世紀初期又往前邁進一大步。二〇〇一年，美國太空總署發射WMAP（威爾金森微波各向異性探測器〔Wilkinson Microwave Anisotropy Probe〕）。WMAP實驗不僅能看到最大的波紋，也能看到某些較小的波紋。這件事情非常重要，我們因此能夠仔細觀察宇宙早期波紋成長的過程。

這個實驗由二〇〇九年歐洲太空總署發射的普朗克探勘者（Planck

Surveyor）接續。普朗克比 WMAP 更進一步觀測到更多波紋。WMAP 和普朗克的探測結果成功證實用來理解宇宙早期波紋成長的理論物理學。愛因斯坦的理論預測重力造成塌縮，而這兩個實驗顯示塌縮如期發生，此外也證實宇宙早期的輻射量與原始的核合成計算需要的量相符。但它們同時也發現，宇宙中似乎存在大量物質，除了通過輻射的重力場，完全不與輻射相互作用。一般的物質不會這樣表現。

背景輻射包含的資訊量遠遠超過我剛才的敘述。部分我稍後會談到，因為那較屬於未來的願景，而非已經被探測到的東西。然而，這裡值得一提的是，隨著輻射從原始的火球，行進通過宇宙到達我們的望遠鏡，途中它收集很多關於兩者之間重力場的天體資訊。其中一個方法是透過光的偏折，如第二章所討論。當背景輻射經過大質量物體時也會受到這個效應影響，它的軌跡會被這些物體的重力場彎曲，於是扭曲了波紋的形狀，這些扭曲是可以計算出來的。背景輻射改變波紋的樣貌，這個效應也被普朗克觀測到。

另一個可以在背景輻射看到的效應來自重力場隨著宇宙膨脹發生的演化。重力場的演化，讓帶著給定振幅進入重力場的光子，離開重力場時就會帶著不同振幅。振幅的差異為光子帶來（或帶走）能量。將這個效應的觀測數據與理論預測兩相比較，就能進一步證明宇宙膨脹正在加速。

宇宙膨脹的歷史

宇宙冷卻到變得透明後的一段時期，被天文學家稱為「黑暗時期」（dark ages）。這個時期介於初始火球之後與第一代恆星和星系形成之前。在宇宙歷史的這個階段，天文學家所知甚少，因為多數物質都在氣體雲中。然而，大約幾億年後，第一代的恆星和星系開始形成。從此，結構開始持續生長，而且隨著宇宙演化，尺度甚至更大。當然是重力引發了這一切，而且許多關於重力的資訊可以從觀察我們周圍的天文結構獲得。現在，我們先想想如何利用天體探測宇宙的膨脹歷史。

哈伯於一九二九年發表論文，成為這個領域的開拓者。如同多數偉大的科學成果，他的研究成為後代的基礎。這些研究的目標一直都是確定一個遙遠的天體遠離我們的速度多快，以及那個天體到底離我們多遠。透過這個資訊，可以得知宇宙膨脹得多快。這兩個問題的第一個其實相對直接。來自恆星與其他多數天體的光以特定頻率發射，該頻率與它們所構成的化學元素相符。現在，如果一個天體正在運動，就像大多數天體那樣，那麼那道光抵達我們的頻率會受都卜勒效應偏移。這個現象就和當救護車經過你的時候你聽到的頻率偏移一樣：救護車朝你而來的聲音比遠離你聲音音調更高。在靠近或遠離這兩種情況下，頻率改變與物體運動速度直接相關。這意謂著，如果我們知道一個天體的化學元素（我們通常知道），那麼就相對容易找出那個天體遠離我們的速度多快。

確定與天體正確的距離是難度更高的工作。比較常用的方法是觀測相當靠近我們的天體。如果我們可以確定這些鄰近天體的距離（一般來說也比較容易），那麼我們就可以用它們來校準與更遠一點的類似天體的距離。我們就舉哈伯在他著名的論文中用的「造父變星」（Cepheids）。

造父變星是一種亮度呈週期性改變的恆星。人們已經知道造父變星的週期和其光度有關（光度是實際亮度，有別於視亮度，視亮度取決於與我們的距離）。這是由距離已知的鄰近恆星確定。哈伯利用這個訊息得到造父變星與我們的距離。這其中的邏輯相當直接：你看著造父變星，測量其週期；利用這個訊息找出它正發射多少光；然後和攝影硬片上的造父變星比較亮度。有一個簡單的定律告訴你，一個已知光度的天體在給定距離下有多亮，你就可以利用這個定律，用測得的亮度和算出造父變星的光度，來計算它的距離。

可惜的是，這個方法中有幾個步驟可能會出錯。用來確定計算天體距離的規則（例如造父變星週期與光度的關係）可能只是大概正確。你也必須假設這個規則同時適用於遙遠的天體和鄰近的天體。但其實不總是相同，因為天體非常遠的時候，可能很難辨認它們到底是什麼天體，而且某些規則可能會隨著時間改變

（回想一下，當你看著遠方，看到的是很久以前的它們）。我們需要謹慎考慮這些問題，因為它們有時後會導致推論錯誤。例如，哈伯在他一九二九年的論文中推論的宇宙膨脹速率大約是現代測量結果的十倍。這個錯誤就是由於哈伯利用造父變星推論出的星系距離有誤。

觀測天體距離這個領域目前最先進的發展是利用超新星（爆炸的恆星）來觀測，但這個方法本質上和哈伯的還是頗為相似。單一顆超新星就可以和整個星系一樣亮，所以如果你知道如何觀測，它們還算容易發現，從很遠的地方也可以看到它們。超新星有很多類別，而天文學家當然幫它們全都取了名字。對於探究宇宙膨脹最有用的超新星是「Ｉａ型」。這類超新星爆炸的原因是白矮星從附近的恆星吸積物質，累積足夠的物質後，那顆白矮星再也不能承受重力的壓力，就會塌縮並爆炸。Ｉａ型超新星的好處在於，它們發生的方式多半類似，無論時地。這意謂著，如果可以確實識別它們，它們的光度可以用來估計相當正確的距離。

直到一九九〇年代末，利用Ｉａ型超新星研究宇宙膨脹歷史才開始出現成果。「超新星宇宙學計畫」（Supernova Cosmology Project）和「高紅移超新星搜索隊」（High-Z Supernova Search Team）都在研究這個想法，而且大約在同一時間發表各自成果。透過觀測非常遙遠的超新星，也就是數十億年前爆炸的超新星，他們有了非常驚人的發現。他們確定宇宙膨脹的速度並沒有漸慢，而是正在加速。這一結果完全出乎意料，而且震驚物理學界，因為理論上在重力作用下相互遠離的物體會減速。然而，對於我們理解重力，這個結果非常有趣。我們將在第六章繼續討論，但現在先回到宇宙大尺度結構。

晚期宇宙

如同恆星團聚形成星系，星系也會團聚在一起成為「星系團」（clusters）和「超星系團」（super-clusters）。宇宙學家談到「大尺度結構」（large-scale structure）時，指的就是它們。宇宙大尺度結構的研究也是由哈伯開始。哈伯發現，天文學家透過望遠鏡觀測到的螺旋形天體，實際上是遙遠的星系。在那之前，人們一直在問我們的銀河系是不是宇宙唯一存在的星系，就像無限宇宙中的孤島。利用上文提到的造父變星，哈伯證明那些螺旋比我們周圍見到的恆星還要遠得多。對此唯一的解釋就是它們是大型天體，本身是由許許多多的恆星構成。科學家於是開始想描繪出一張圖，將我們周圍的這些結構標示上去。

如同觀測宇宙學多數的分支，這個新領域的進展一開始相當緩慢，直到二十世紀末才開始加快腳步。其中一個里程碑是哈佛—史密松天體物理中心（Harvard-Smithsonian Center for Astrophysics，簡稱 CfA）從一九九七年到一九九五年的巡測。CfA 測量大約兩萬個星系的退行速度，並記錄它們每一個在天空的位置。利用哈伯定律，人們便可將這些速度轉化成距離，並且能在非常大的尺度上為這個結構標示位置。他們發現星系團聚形成數個結構，橫跨的距離尺度極大。其中最驚人的是所謂「CfA2 長城」（CfA2 Great Wall）。這個結構集合很多星系，大到光從一端行進到另一端需要五億年。

更近期的星系巡測甚至發現數量更大的星系。「2dF 巡測」利用在新威爾斯的英澳望遠鏡，從一九九七年到二〇〇二年間，觀測超過二十萬個星系。「史隆數位天空巡測」（Sloan Digital Sky Survey，簡稱 SDSS）從二〇〇〇年開始，預計進行到二〇二〇年，目前已經測量到數百萬個。

事實上，星系（以及其他天體）的影像之多，天文學家不可能一一檢視。雖然電腦程式可以代勞，但是人類的雙眼（和大腦）對於辨識重要的特徵，通常還是更勝電腦一籌。因此，這件事情有個聰明的方法，就是把影像放上網，讓大眾參與辨識，這個計畫叫做「星系動物園」（Galaxy Zoo）。

比起 CfA 的巡測，2dF 和 SDSS 發現更多結構，而且尺度更大。其中最大的是「史隆長城」（Sloane Great Wall），大約是 CfA2 長城的兩倍大。事實上，史隆長城大到如果你展開一個類似大小的結構，在整個可觀測的宇宙中，只能放進幾十個。它真的極為巨大，但是你要記得，這還只是超新星和 CMB 探測距離的一小部分。還有更多更多星系等著被發現，人們也在觀望是否還有更大的結構

（預期是沒有，但預期未必是真的）。

這些巡測都非常令人印象深刻，現在讓我們看看它們對重力研究的意義。這些巡測觀測到的結構都是重力造成的。CMB 的觀測證實，宇宙在非常早期看起來很光滑。為了把光滑的宇宙變成現在看到的那樣存在巨大的網絡結構，宇宙中的物質必須聚集成群。這件事情發生的方式在大尺度上很好理解，但在小尺度上變得有點複雜。這兩個機制對好奇重力的人來說都包含大量資訊，所以我們個別討論。

大尺度上，結構的成長以可預期的方式發生。這主要是因為，物質在宇宙中大尺度的團塊移動，相較宇宙膨脹的尺度，算是小的。然而，大尺度的結構成長對宇宙膨脹的確切速率非常敏感。如果膨脹是由一般物質主導，那麼結構就會成長。這會先發生在較小的尺度，然後在較大的尺度。現在，因為我們從 CMB 知道種子的結構是怎樣，我們便可以計算大尺度結構應該是怎樣，而且我們可以與天文學家實際看到的比較，結果非常有趣。

首先，在大尺度觀測結構的結果強烈顯示，宇宙中有不與光相互作用的物質。因為如果不存在這樣的物質，那麼某些尺度上的結構應該更少。意思就是，如果所有物質都與光互動，那麼宇宙早期高強度的輻射應該會以可預測的方式抑制結構的種子生長。然而，我們見到的是輻射沒有抑制結構的種子。合乎邏輯的結論就是，宇宙存在不與輻射相互作用的物質，而且是這個物質的重力場激發了它們周圍大尺度結構的生長。此外，存在於不同長度尺度下的結構可提供寶貴的訊息，研究在非常大的距離下重力是如何作用的。

其次，宇宙中大尺度的結構可以作為某種標尺，測量宇宙的大小以及它膨脹了多少。這是因為最初的波紋有特別的長度。將這些在背景輻射中的波紋尺度與在我們周圍大尺度結構中的波紋兩相比較，就可以直接看到宇宙膨脹多少（因為前者是後者的源頭）。這樣還會導致另一個驚人的結果。如果宇宙的膨脹是由裡頭物質的重力場主導，那麼宇宙似乎膨脹得太多了。換句話說，宇宙晚期的標尺似乎太長了。

現在我們來看較小的距離尺度——比剛才討論的長城小很多——會發生什麼事。小尺度下的天體（例如恆星和星系）的運動速度不見得比宇宙膨脹的速度慢。因為這些天體的移動和相互作用的方式非常複雜，所以分析起來也較困難。目前研究這個情況最好的方法就是創建大量天體的大型電腦模擬。如同愛因斯坦主張，天體存在的太空應該正在膨脹，但是天體在太空中的重力場通常會以牛頓的理論來描述。這是牛頓理論的廣泛延伸，而且一般認為牛頓的理論是有效的方式。現在我們來看看在這個機制中怎麼探索重力。

這裡首要的工作就是追蹤星系的運動，以及它們產生的大尺度結構形狀。這件事情非常棘手，因為宇宙中發生的天體物理過程眾多，難以考量所有發生的作用。例如，一顆超新星可以打斷結構成長，氣團雲則可以增強。儘管如此，我們還是可以試著模擬所有這樣的現象——而且世紀之交以來已經有很大的進展。如同以往，人們越來越確定宇宙中存在一些我們無法直接看見的物質，它們的重力場導致星系像我們觀測到的那樣移動和聚集。

第二個取徑是看星系和星系團如何彎曲光的路徑。你應該還記得太陽會彎曲靠近它的星光的路徑，而且愛丁頓當年就是拿這個說服全世界相信愛因斯坦的理論是正確的。同樣地情況也會發生在星系身上。我們可以看看遠方的星系形狀如何被那些較靠近我們的星系的重力場扭曲，這個過程稱為「重力透鏡」（gravitational lensing）。這個效應通常非常小，想看見它們非常不容易。然而，如果我們恰好看著正在被重力場扭曲的星系，或者收集足夠資料，就可以利用它來確定存在於太空的重力場。我們再一次發現，那裡的重力比我們從可以直接看見的天體預期的更多。宇宙中似乎有很多物質，它們的重力場彎曲了光，但不以任何其他方式和光相互作用。彎曲確切的值也暗藏許多重力在星系和星系團的尺度如何表現的資訊。

接著進入甚至更小的尺度，我們可以看看個別的星系如何表現。早在一九七〇年代，人們就發現星系旋轉的速率太快。我的意思是，如果星系中的重力來源只是裡頭看得見的物質（多半是恆星或氣體），那麼我們實際觀測到的星系旋轉速度快到能把它們自己撕裂。就像你拿著蒲公英，然後兩手快速旋轉它的莖，如果你轉得夠快，就會看到種子飛出去，因為抓住種子的花托不夠有力，無法抵抗旋轉的力。星系中的恆星也是一樣。它們儘管快速旋轉卻不會飛散，強烈顯示它們內部的重力場比我們起初懷疑得更大。再次地，合乎邏輯的結論是星系中似乎有我們無法看見的物質，但貢獻了重力場。

一致性宇宙模型（concordance model）

透過觀測周圍宇宙中各種各樣的物理過程，我們得到一個驚人結果：從觀測推論出來的重力場，需要的物質比我們用望遠鏡看到的還多。除此之外，為了讓宇宙中最大的結構演化到現在的狀態，而且為了讓這些結構的種子看起來是它們在CMB中的樣子，這個新的物質不能和光有任何互動（或者，至多只是非常微弱的交互作用）。這不只意謂我們看不見這個物質，也意謂完全不能利用光來看見它，因為光必定能直接穿越它。

這顯然是非常奇怪的狀態。這種能產生重力場，但無法被看見的物質被稱為「暗物質」（dark matter）。解釋觀測結果所需要的暗物質數量不少，大約需要一般物質的五倍多。多數人第一次聽到這件事情，都覺得必定有什麼地方大錯特錯。大自然不可能這麼奇怪。但是，暗物質存在的證據來自許多不同地方，因此很難否定它的存在。如果證據只來自一個地方，你也許可以質疑收集資料的人，或者觀測的人可能犯了錯誤。但是質疑這裡列出的所有觀測非常困難。要犯那麼多錯誤，而且那麼多錯誤都是為了合謀同樣地結果，實在是非常不可能。所以我們只能得出這個結論：宇宙中多數的物質不是我們最熟悉的那種，反而是某些我們從前未知的新型物質。

而且令人驚訝的不止這樣。我們不止需要額外的物質提供額外的重力場才能形成結構，而且光才能以被觀測到的方式彎曲，我們還需要解釋為什麼宇宙膨脹得比我們以為得快。

回想一下，我們可以把宇宙膨脹想成物質構成的天體（例如星系），在相互的重力作用下彼此飛離。如果這是真的，如果重力總是吸引的，那麼我們應該期待大尺度的宇宙膨脹勢必正在減速。換句話說，宇宙膨脹應該隨著時間推移而變慢。但是，上述許多天文學的觀測都顯示膨脹正在加速。結論是，必定有某種重力場是「斥力」的，也就是說，當我們觀看宇宙膨脹時，似乎有種「反重力」（anti-gravity）正在作用。需要這個反重力才能把物質分開，而非將它們拉在一起，所以宇宙的膨脹才能加速。這真的非常驚人。科學家稱這種排斥的重力為「暗能量」（dark energy，勿與「暗物質」混淆）。為了使宇宙以現在的速率加速膨脹，需要三倍於暗物質的暗能量。

所以，目前我們對宇宙的整體圖像如下：宇宙中大約只有五%的能量以一般物質的形式存在；大約二十五%的能量以受重力吸引的暗物質存在；剩下的七十%，以反重力的暗能量存在。這些百分比從這裡或那裡增一點又減一點，似乎就足夠解釋目前為止所有的天文學觀測。這三種能量全部相加，似乎剛好就是讓太空「平坦」的量（而非如同圖10所述的球體或馬鞍的正或負彎曲）。這個多數是暗能量與暗物質，而且平坦的宇宙，稱為宇宙的「一致性模型」。天文學家之間現在的共識是，這個宇宙模型最符合他們的數據。

二十一世紀物理學最大的成就，無疑就是一致性模型，以及導出這個模型的觀測。然而，這當然不是故事的結局。我們對於宇宙歷史的理解不是，我們對宇宙內容的理解，以及其中重力場的理解也不是。坦白說，一致性模型有許多缺點。首先，這個模型似乎從一個特殊配置出發：為讓太空幾乎平坦，而且背景輻射和星系分佈看似非常平均，早期的宇宙密度需要極為接近完美均勻。第二，某些我們在CMB看到的波紋顯得比光從大爆炸以來原本可以行進的距離要大。根據愛因斯坦的理論，應該沒有什麼比光行進得更快，所以這真的很令人困惑。第三，我們不知道暗物質到底是什麼。我們只知道它應該受重力作用，而且不與光相互作用。粒子物理學的標準模型容得下所有已知的粒子，除了暗物質，而且在任何粒子物理學的實驗也看不到暗物質。第四，暗能量的存在，以及它的排斥重力場，似乎需要大量微調，才能具有我們今日見到的效應。稍多一點，星系就永遠無法形成，稍少一點，我們就完全注意不到它。

物理學家非常關心這四個問題。他們認為前兩個問題可以用早期宇宙非常快速膨脹的時期解決，稱為「宇宙暴脹」（cosmic inflation）。我會在第六章說明宇宙暴脹。

第三個問題，目前希望能夠透過延伸粒子物理學的標準模型來解決，而且已經有許多如何做到的計畫。寫作本書的此時，物理學家一般認為暗物質的粒子性質可以直接利用位於日內瓦的「大型強子對撞機」（Large Hadron Collider，簡稱 LHC）進行研究，看看大自然是否夠仁慈，允許暗物質落在 LHC 能夠探測的能量程度區間，好讓我們看到。最後一個問題大概是最神祕的，一些物理學家費盡心思努力解釋暗能量。我將在第六章進一步描述。

當然，還是有一些物理學家懷疑暗能量與暗物質是否真的存在。他們認為我們需要更詳細理解重力在宇宙尺度下是怎麼作用的，才能確定它們存在。畢竟，我們完全是透過這些物質的重力交互作用來了解它們。如果我們誤解了重力，就可能錯誤地理解暗物質與暗能量。未來的天文學觀測將調查這個可能性，並試著進一步探索暗物質與暗能量的性質。

宇宙學的未來

試著預測科學的未來通常有些愚蠢，但我們還是有把握，二十一世紀將會見到宇宙學的重大進展。我們現在對於宇宙膨脹的方式以及宇宙中的結構形成了解甚深，但和接下來二十年的觀測相比，我們現在的知識將會矮一大截。這項工作許多動力來自暗物質與暗能量。尋找這兩個暗字輩的東西將會更進一步闡明重力。

我們從CMB說起。到目前為止，CMB多數的觀測都聚焦於在天空中的不同方向測量CMB的溫度，而且試著推論早期宇宙的波紋是什麼模樣。目前為止，執行這項工作最重要的是普朗克探勘者。這個任務極為成功，以致未來的太空任務幾乎不可能超越。不過，人們還可以在地球表面建造更大的望遠鏡。這件事情正在智利的阿他加馬沙漠和南極進行。這是地球上濕度最低的兩個地點，稀薄且乾燥的空氣使它們成為觀測太空的理想地點。這些望遠鏡將以非常高的解析度標示CMB，而且提供更多觀於宇宙中的結構的豐富資訊。

除了溫度外，CMB的資料中還有其他東西可以觀察。天文學家也可以測量它的「偏振」（polarization，即電磁波振盪的方向，如圖11）。背景輻射的偏振挾帶關於早期宇宙的額外訊息，而且透過尋找特殊圖案，天文學家可以推論重力場在宇宙歷史非常早的時期是什麼模樣。

這些資訊一部分與從CMB溫度推導而來的重複，但某些是全新的。尤其是，在偏振中尋找一個特殊的彎曲圖案，就可能推論是否有重力波圍繞早期宇宙行進。回想一下第四章的內容，科學家付出極大努力直接偵測通過地球的重力波，而 CMB 的偏振相當於在不同的環境下做類似的實驗。

二〇一四年三月，在南極進行 BICEP2 實驗的科學家宣布，他們已經利用這個方法發現在早期宇宙的重力波。但是到了寫作本書的時候，人們又發現為這個宣言興奮似乎言之過早。雖然科學家已經在 CMB 的偏振看到彎曲的圖案，但似乎是由較接近我們的東西所導致，而不是來自重力波。但這並不代表早期宇宙沒有重力波。

未來的實驗會以更高的準確度，而且在更寬的頻帶上，測量背景輻射的偏振。如果早期宇宙真的存在一定強度的重力波，那麼很有可能我們在未來十年左右就會知道。BICEP2 的後繼已經開始建造，很快就會提供首次的科學成果。

下一代的星系巡測任務也很值得期待。我們稍早討論過 2dF 和 SDSS，兩者都野心勃勃地嘗試記錄我們周圍所見宇宙星系的位置。未來的巡測會更加龐大。

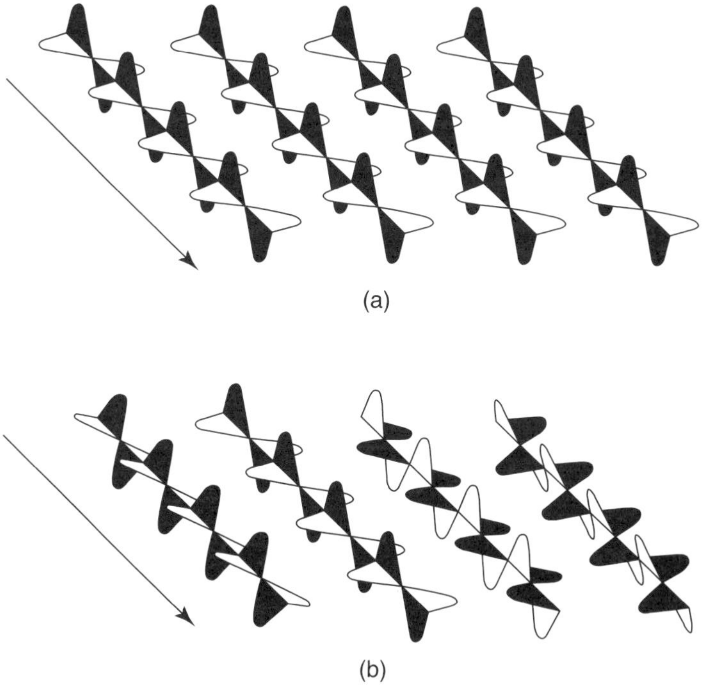

圖 11　(a) 偏振光與 (b) 非偏振光。波的方向在非偏振光是隨機，在偏振光是一致。箭頭表示光行進的方向。

其中三個最大的是正在智利建造的「大型綜合巡天望遠鏡」（Large Synoptic Survey Telescope，簡稱 LSST）[3]；二〇一八年開工的「平方公里陣列」（the Square Kilometre Array，簡稱 SKA）；以及由歐洲太空總署於二〇二〇年發射的歐幾里德衛星（Euclid）。這些任務將測量數十億個天文來源，資料將會用來建造規模前所未見的宇宙地圖。

LSST、SKA 與歐幾里德衛星會將宇宙學變成精密科學。當巡測運作的時候，我們就會知道很多關於暗物質與暗能量的性質，例如探測它們對宇宙結構的影響、光從這些結構朝我們行進的方式，以及結構在時間中演化的歷史。事實上，它們提供的資訊有望讓我們比在太陽系與脈衝雙星系統還要更精確地研究重力。這將打開一扇全新的窗，讓我們能夠以新的方式與新的距離尺度探索重力。

3 編按：現已更名為薇拉 魯賓天文台（Vera C. Rubin Observatory）。

第六章

重力物理學的先端研究

截至目前為止，我們一直在討論最新的重力物理學研究，實驗測試尺度從毫米到整個可觀測宇宙。在這一章，我們會聊聊重力的理論涉及的相關問題。

愛因斯坦的理論從一九一五年起一直形塑我們對重力交互作用的理解。這個理論把時間和空間當成單一對象，並由存在其中的物質決定時空的性質。我希望讀到這裡，讀者已經相信愛因斯坦的理論是了不起的成就。光用一個理論就能夠解釋這麼廣泛的物理效應，真的非常不得了。但是，愛因斯坦的理論不太可能是我們對重力理解的最終結論。一九一五年以來，理論物理學有許多進展，而且其中有不少暗示我們需要一個更根本的理論。

量子力學和重力

愛因斯坦發表他的重力理論不久後，在二十世紀初，波耳（Niels Bohr）、海森堡（Werner Heisenberg）、薛丁格（Erwin Schrödinger）再一次永遠改變了重力物理學的世界。從牛頓直到這個改變之前，物理學都被認為是決定論。意思就是，如果你對宇宙中所有物體的時間和運動有足夠的知識，那麼你應該能鐵口直斷地預測未來。這樣運作的物理理論被稱為「古典理論」（classical theories）。愛因斯坦的相對論是古典理論其中一個例子。波耳、海森堡、薛丁格帶領的革命創造另一種理論，稱為「量子力學」（quantum mechanics）。新的量子理論以機率為基礎，在自然界，人們只能計算某些事在未來發生的可能性，但永遠無法確定未來會發生什麼。

量子力學是驚人的成就。它描述光的性質與所有已知物質的基礎成分到達異常的精準程度。後來，劍橋大學的教授保羅．狄拉克（Paul Dirac）向世界展現這些新的想法如何用來建立電力與磁性的量子理論，帶動現在所謂粒子物理學的「標準模型」：對自然界所有已知粒子，以及它們之間的力，賦予量子力學的描述。

如今，已經很少人會對「大自然是量子力學的」這點表示懷疑。標準模型的預測已經全數得到證實，當中最出色的就是二〇一二年實驗證實「希格斯玻色子」（Higgs boson）存在（一種理論化的粒子，是現代標準模型重要的元件，賦予其他粒子質量）。支撐多數現代化學與現代科學的就是量子力學，它讓我們製造出電腦的半導體、DVD 播放機和電視的雷射與發光二極體（LED）。量子力學存在於日常生活，也是自然運作的方式，而且當我們想要描述微觀世界時，量子力學變得越來越重要。

但是，儘管量子力學在物理學的其他領域無所不在，這個取徑對重力的應用仍是個謎。雖然電磁力能以相對直接的方式量子化，而且雖然宇宙中的物質長久以來都用量子力學描述，但是重力仍然難以捉摸。這大概是物理學中最大的未解問題。至今應用在物理學其他領域都如此成功的邏輯，應用在重力上卻極為困難。所以現今最好的重力描述依然是愛因斯坦的古典理論。

尷尬的是，在某些問題上，人們會希望同時使用量子力學和重力來處理。其中一個例子是黑洞的中心。如同我們之前討論過的，當大型恆星經歷災難性的塌縮就會形成黑洞，原本恆星的部分物質會受重力壓縮到極高的密度。根據愛因斯坦的理論，塌縮會一直持續，直到所有物質擠壓成為單一個點。

現在，根據量子理論，在非常小的距離尺度和非常高的能量的情況下時，我們期待量子效應會變得明顯。因此，我剛才描述的物理機制中，量子力學和重力必須都在。但是（目前）對於量子重力理論沒有共識，所以無法知道一顆恆星塌縮後，它的中心會怎樣。這個情況當然無法令人滿意。如果我們希望能夠描述存在於自然界的一切，我們就需要重力的量子理論。

量子理論和重力不相容的原因很多，而且有點複雜。首先，愛因斯坦的重力理論與量子力學，在處理力的方法上存在概念上的差異。在愛因斯坦的理論中，重力是時空彎曲的結果，並不存在什麼外力將東西拉在一起。具有質量的物體朝彼此移動，單純是時空彎曲的結果。例如，地球不是被往太陽拉，地球單純是在彎曲的時空中，依循可得的最短路徑自由下落。但是，其他的力就不是這個情況。例如電力就是由帶電粒子的電場產生。電場存在於時間和空間內，但任何意義上都不是時間或空間本身。時間和空間單純只是電力作用的場所。在量子力學中，處理大部分問題時都視時間和空間分別獨立存在，而且對問題而言是被動元件。因此，想用這些取徑描述重力，會與愛因斯坦的理論背道而馳。

重力和量子力學互不相容也有一些數學上的原因。其中最重要的是重力的一個性質——「不可重整化」（non-renormalizability）。當量子力學被用來描述一個力，計算的結果常常可能包含無限值。舉例來說，用量子力學計算兩個帶電粒子之間的力，我們必須加入兩個粒子來自所有可能位置的影響。有些情況下，兩個電子非常非常靠近，於是它們之間的力會變得非常非常大。相加所有可能位置就會得到無限值的結果。這個在電力中不合理的結果，可以透過「重整化」的過程解決。這個過程除去了方程式中造成無限值的部分。也就是說，無限值實質上從原來的方程式中被減去了。於是結果會是合理的答案，可以用實驗驗證。但是，重整化不適用於愛因斯坦的重力理論。無限值不能被減去，因為原始的方程式中沒有任何東西看起來有一丁點像會變成無限值的項。因此，量子重力計算還是會得到無限值答案。顯然方程式中有地方是錯的。

很多人嘗試解決這些問題。方法包括改變愛因斯坦的方程式（變得看似更可能重整化）；改變量子力學（不以粒子為基礎）；改變我們對時間和空間性質的想法（變得不是連續）。在這裡不可能好好把這些方法都說清楚，或詳細深入其中之一。這些方法都非常複雜，而且還在進行中。但有兩個理論我覺得有必要提及：「弦論」（String Theory）和「迴圈量子重力論」（Loop Quantum Gravity）。這兩個理論既大膽又充滿野心，試圖建立重力的量子理論。如果它們是正確的話，物理學家希望能利用這兩個理論描述黑洞的中心。但是，這兩個理論相當不同。它們關注的問題方面不同，而且以完全不同的方式處理剛才描述的技術與概念上的困難。

「弦論」來自粒子物理學。其基本想法是，物質的基本成分不是點狀的粒子，而是微小、一維的弦。這是個激進的想法，而且激發許多有趣的數學與物理研究。實際上，許多物理學家認為那是我們得到量子重力理論最大的希望。他們假設想像中的弦非常小，所以它們在我們面前實際上就像點狀的粒子。但是，當我們試著將弦量子化時，弦的性質會帶來不同結果。

弦論的方程式也有一些面向看起來非常像愛因斯坦重力理論的方程式。因此重力似乎某個程度建構在弦論中。但弦論也有缺點。為了讓弦論的方程式一致，我們在描述宇宙時要再增加六個到二十二個的額外維度。這些額外的維度壓縮得很緊密，所以我們日常生活觀察不到。但是，必須要有這些額外的維度，理論才會自我一致。有趣的是，這些微小的額外維度導致重力在非常小的尺度上可能改變作用。

「迴圈量子重力論」常被視為弦論主要的競爭對手。這個理論的起點是，在非常小的尺度下，時空是粒狀結構。也就是說，時間和空間不是我們通常以為的那種光滑連續變數。相反地，時空是原子化的。這樣一來，量子理論就能應用到構成這個結構的迴圈。這也是個激進的想法，而且因為它強調時空是基本的研究焦點，而非背景，所以受到廣義相對論愛好者青睞。然而，迴圈量子重力論多數仍正在發展階段。目前人們還不知道迴圈量子重力論、弦論，或者其他尚未發現的理論，哪一個是對自然的最好描述。在對這場辯論結果下注前，還有許多研究要進行。

重力場中的粒子

將重力量子化會遇到很多問題。不如來看另一個問題：量子力學如何在重力場作用？這裡我們處理時空的方式，和愛因斯坦的古典重力理論一樣。但是，當我們把古典時空中的物質視為受到量子理論作用時，就要思考將會發生什麼事。這種物質遵守量子物理學，時空遵守古典物理學的混合取徑，被稱為「半古典」物理學。這個想法不如完整的量子重力那麼野心勃勃，但還是提供我們有趣的洞見，窺探在重力存在的情況下，量子系統如何作用。

這個領域的先驅之一是史蒂芬・霍金（Stephen Hawking），他在一九七四年表示量子力學會導致黑洞發射輻射。這個發現震驚了科學界，因為根據愛因斯坦的理論，沒有東西能逃出黑洞。霍金的計算就是半古典的。關於黑洞周圍的時空，他取古典的論述，並允許量子力學的粒子存在於黑洞內。他利用相當簡單的量子力學計算證明，如果黑洞周圍在遙遠的過去沒有輻射，那麼未來一定存在輻射。這件事情唯一可能的解釋就是黑洞產生輻射。當然，輻射挾帶能量，而在這個情況下，能量唯一的來源就是黑洞內的質量（回想一下，在愛因斯坦的理論中，質量是一種能量）。所以霍金已經展現，黑洞透過向外發射它的質量，自然地收縮，而且最終必定停止。

霍金的結果非常新奇，也刺激數個重力物理學的新研究領域。在霍金之後沒多久，加拿大物理學家比爾・安魯（Bill Unruh）就證明，當我們在相對論中思考粒子時，可以質疑它們是否真的存在。粒子物理學基本上包含在量子物理學的範疇，而安魯證明如果觀察者處於相對運動狀態，並相對另一方加速，那麼他們其中一人可以察覺量子粒子存在，而另一方什麼都察覺不到。意思就是，粒子存在與否，取決於想要測量他們的人的運動狀態。

讓我舉個例子說明這個奇怪的結果。想像你是太空人，在太空某處自由漂浮，周圍什麼都沒看見。但如果你扶著一台經過的太空船並開始加速，那麼你以為空無一物的空間會瞬間迸出一片粒子海。當然，我在這裡是有點誇張。你需要加速到非常快速才能看見很多粒子。儘管如此，這個原理是合理的。當你加速，你會察覺原本看不到的粒子。

現在加入重力，情況會變得更加複雜。重力是由加速度造成的，所以當我坐在書桌前，處於地球的重力場中，我暴露在少量粒子中，但當我自由下落時就看不到那些粒子了。粒子的數量小到難以測量，但是如果我把我的書桌搬到黑洞附近（那裡的重力強多了），那就會是完全不同的情況。我會被高能量的粒子和輻射轟炸。

上述這些效應對黑洞的影響非常有趣。現在我們可以根據黑洞發射的粒子和輻射賦予它們溫度。對重力物理學其他領域也有影響，包括宇宙學。某方面而言，宇宙學中宇宙模型的重力場就和黑洞的重力場類似，而且英國物理學家蓋瑞・吉本斯（Gary Gibbons）和史蒂芬・霍金確實證明，宇宙膨脹同樣也會產生黑洞產生的輻射，而且膨脹的越快，產生的輻射越多，其溫度也會越高。這個輻射不是由宇宙中的任何東西發射，而是膨脹本身的副產品。這是思考存在於重力場中的量子粒子時，會得出的自然結果。

宇宙暴脹

直至今日，量子理論之於重力最成功的應用，大概就在宇宙歷史非常早期的階段。物理學家把這一段時期稱作「宇宙暴脹」（cosmic inflation）。在第五章，我們談過宇宙的大爆炸模型和各種成功的研究。然而，就像解釋許多天文資料，大爆炸模型也出現一些問題。其中最大的問題就是我們在CMB看到的某些波紋如此之大，大到在宇宙誕生後這段期間，光無法從一端行進到另一端。這是非常嚴重的問題，因為沒有什麼比光行進得更快。那麼造成這些波紋的會是什麼呢？

答案尚未明朗，但出現這些波紋其中一個可能的解釋是，宇宙在非常早期曾經急速膨脹。如果確有此事，那麼很小的波紋就會被迫變成大波紋，問題就解決了。快速膨脹的假說時期就是所謂宇宙暴脹。身為科學家，測試這種假說的方法就是嘗試預測它可能產生的影響，並拿出我們的望遠鏡，看看是否可以證實這些預測。思考暴脹時，這非常困難，因為我們不知道到底是什麼造成暴脹，而且那是很久以前發生的事。儘管如此，我們還是可以做出幾個大方向的預測，並透過觀測夜晚的天空來證實。其中之一就是太空的幾何形狀應該幾乎接近平坦。我們已經知道這個預測符合觀測。然而，最令人印象深刻的預測，涉及剛剛討論的半古典物理學。

回想一下，吉本斯和霍金證明一個膨脹的空間會產生輻射海。但是產生的輻射在空間中的每個點並非完美均勻。量子物理學的統計本質意謂著內有隨機的波動，所以某些點的輻射多一些些，其他點的少一些些。雖然不可能預測這些量子力學的波動會在哪裡發生，但是這個理論確實可以讓我們預測隨機選擇的點的輻射會較密或較疏的機率。它也可以告訴我們高於或低於平均輻射密度的區域的分佈。這些都是半古典物理學做出的預測，我們可以藉由尋找預測的結果來測試理論。而且我們可以藉由尋找宇宙暴脹產生的量子波動來測試宇宙暴脹的想法。

回顧一下在第五章中，我們討論過的 CMB 的波紋。這些波紋對宇宙學家而言是非常重要的資訊來源，但目前為止我還沒說明它們來自哪裡。換句話說，我們還沒討論過是什麼產生了這些大尺度結構的種子。這些種子需要具有非常特殊的形式，才能解釋天文學家在 CMB 測量到的波紋的統計性質，而且，在提出宇宙暴脹理論前，人們並不清楚這些種子從何而來。如果宇宙非常早期確實發生過暴脹，那麼播下這些種子的其中一個方式，就是吉本斯和霍金預言的小的量子力學漲落（quantum mechanical fluctuation）。事實證明，COBE、WMAP 和普朗克探勘者測量到的波紋就是在這種情況下產生的。

這是一項了不起的發現。這不止驗證多數暴脹時期的一般預測，也證實了在重力場中考量量子力學過程中產生的特殊計算。霍金在一九七四年預測的那種輻射尚未被直接觀測到，但是它的影響已經清楚出現在 CMB。證據都在那裡，在天文學家記錄的 CMB 地圖中。

但是，我們的探索仍未結束，還有更多證據在那裡等待被收集。產生 CMB 波紋的量子力學過程應該同樣也會產生重力波。這些正是進行 BICEP2 實驗的觀測者在二〇一四年三月誤以為他們偵測到的重力波（見第五章）。寫作本書的此時，來自宇宙暴脹的重力波還沒透過觀測證實，但如果未來的實驗可以找到它們，將為研究早期宇宙打開一扇全新的窗。

宇宙常數

我們稍早提過，宇宙膨脹的加速度是暗能量所致，但我們並未深入談及暗能量可能是什麼。事實是，我們還不知道暗能量是什麼，但我們確實有一個熱門的候選人——「宇宙常數」（cosmological constant）。這一節我們將會更深入談談宇宙常數。

愛因斯坦於一九一七年首次引進宇宙常數。那個時候，世人並不知道宇宙正在膨脹，而愛因斯坦引進他的宇宙常數，目的是製造靜態的宇宙模型（不膨脹也不收縮）。當然，我們現在有好多證據顯示宇宙正在膨脹。愛因斯坦知道此事後，便立即收回他的宇宙常數，宇宙常數也被當成科學上的糗事，速速打入冷宮。然而，宇宙常數對於愛因斯坦重力理論的場方程式是非常一致的修正，只是當時並不需要它，直到人們發現宇宙是加速膨脹。

一個宇宙常數可以被想成一個普遍的重力，以相同速度將宇宙中所有的粒子或推或拉在一起。這正是讓宇宙加速需要的東西。我們需要做的是確保宇宙常數的設定能將東西拉開，賦予宇宙常數正確的大小，它就會讓宇宙加速膨脹。這是目前為止對宇宙加速膨脹最簡單的解釋。

宇宙常數已被設定為符合所有當前觀測的數值。當然，我們期待這些觀測資料的品質在未來數十年會大大進步。屆時，我們就會知道宇宙常數是否依然與之相符。是的話，就能證明宇宙常數存在。如果不是，我們就得更有想像力。現在，我們可以想想如果宇宙中真有個宇宙常數，那意謂著什麼。這是個有趣的問題，因為宇宙常數雖然簡單，卻帶來很多問題。

宇宙常數第一個，而且也是最重要的問題就是：如果它造成此時的宇宙加速膨脹，那麼它在早期的宇宙必定曾被微調過。「微調」一直是理論物理學中的一隻大怪獸。為一個物理效應想出一個解釋是一回事，但是如果你的解釋需要事情以某個極端特別的方式安排，那麼看起來就會開始越來越沒說服力。

宇宙常數相關的微調來自一個事實，就是它的值並不隨時間改變（它是常數）。這意謂著，如果我們今天希望它有正確的大小，那麼在非常早期的宇宙，宇宙常數的值相較當時的物質能量標度，必須非常非常非常小，但又不是零。如果宇宙常數太大，就會造成宇宙膨脹在很早之前就加速。若是如此，那麼恆星和星系就永遠不會形成，生命也不可能出現了。如果太小，即使只差一點，也無法產生足夠的加速量，那麼我們就永遠不會注意到宇宙在膨脹。為了符合這個甜蜜點，我們需要取一個宇宙常數，大小值非常特殊、精準。普遍認為這個精準度要在十的一百二十次方分之一（1後面有一百二十個0）。

剛剛描述宇宙常數的問題，在加入量子力學後更加棘手。量子力學的效應也會影響宇宙常數的大小。根據我們目前對量子力學的理解，我們預料這些影響會讓那個值遠離我們觀測上需要的值。可能有人會反駁這個主張，認為我們尚未完全了解造成這些效應的量子過程，以及這些過程如何在重力面前作用。也可能有人會推測，也許有某些理由讓多種量子影響互相抵銷，只是我們還不知道。這些都是有可能的，但卻引出了進一步的問題。我們期待宇宙常數受到的特定量子影響並不總是一樣——那些影響會在宇宙膨脹歷史的不同時期改變。考慮一組量子修正全部互相抵銷是一回事，設想這會一再發生又是另一回事。因此，當我們考慮量子力學效應時，宇宙常數被如此微調的事實顯得更加令人驚訝。這就是為什麼宇宙常數問題被某些人稱為物理學史上最糟糕的微調問題。

多重宇宙論

宇宙常數的問題如此重要且迫切，以致許多物理學家為了解釋它，開始提出某些相當激烈的建議。其中最具想像力，而且最被廣為考慮的想法，是有可能存在不止一個宇宙。如果真是如此，而且宇宙常數因為某些原因在不同宇宙而有不同值，那麼我們就有可能發現自己在一個宇宙常數為任意給定值的宇宙。即使我們觀測的值看起來經過微調，這可能只是意謂著我們身處相對稀有的宇宙，而另有其他許多宇宙，其宇宙常數是個看起來較自然的值。

有多個宇宙的想法被稱為「多重宇宙論」（multiverse），這個假說並沒有改善不可能測量到具有我們觀測的值的宇宙常數這個問題。在這個假說中，我們不是微調這個常數的值，而是為自己精挑細選了一個十分少見的宇宙居住。然而，如果我們把多重宇宙的想法與「人擇原理」（anthropic principle）放在一起，事情就會非常不同。粗略來說，人擇原理就是我們（做為生命形式）只能觀察到能夠支持生命的宇宙。這聽起來平淡無奇，但它提供了一個機制來選擇我們可以在哪一個可能的宇宙中發現自己。如果一個特殊的宇宙包含一個非常大的宇宙常數，以致恆星和行星永遠無法形成，那麼我們就不可能住在那裡。這就自動排除了多重宇宙的很大部分，而且讓我們的宇宙看起來更有可能獲選。

這個想法產生很多問題。那些其他的宇宙是什麼？它們如何與我們相連？宇宙常數的值在它們之間如何改變？我們有多少可能在其中任何一個發現自己？這些都是非常根本的問題，而且雖然有些機制可以從某些宇宙暴脹的理論得到許多宇宙，但是，把它們當作物理事實來研究，是在突破科學的界線。對某些人來說，多重宇宙的想法非常不得了，它受到重力在天文學尺度下的作用啟發，又充實了大爆炸理論。然而，對某些人來說，這比想要解決的問題更糟。後一類人認為，為了解決我們自己可觀測宇宙中的一個問題，提出不可觀測的時間和空間區域，這樣是錯誤的。雖然這麼做可能自我一致，甚至動機很好，但是其他宇宙的存在畢竟無法直接被驗證。因此有些科學家認為，這樣的取徑本質上並不科學，而且屬於形上學的領域。

科學的界線是否應該延伸到多重宇宙，是正在熱烈辯論的主題，不同的人皆積極主張自己的觀點。未來的天文任務將透過測量任何造成宇宙加速膨脹的性質，繼而推動這個爭論。理論物理學持續發展，也許在未來能揭示我們似乎測量到的宇宙常數是否自然。但目前為止，我們必須等待。

結語

過去這個世紀，我們對重力的理解突飛猛進。這一開展始於愛因斯坦革命性的新理論，並隨著我們對於數學與觀測的理解加深，而持續發展。

我已經略述在太陽系中、在奇特的天體物理學系統、以及在整個宇宙中如何預測並觀察新的重力效應。雖然我已經試著簡潔說明其中的概念，也詳細談到隨之而來奇妙的物理現象，本書仍不可避免留下闕漏。這只是對這個主題的「極短入門」。

若要理解愛因斯坦深奧的理論，以及該理論的美妙，除了深入鑽研數學與物理學之外，別無他法。這應該會是一個收穫豐富的經驗，因為愛因斯坦的重力理論讓我們理解時間與空間的真正樣貌，也讓我們想像從沒想過的多重宇宙，並認識我們居住的宇宙。它還讓我們推測極為不同又奇異的環境，以致顛覆我們對於日常現實的理解。但可以肯定的是，這一切尚未完成。關於重力的結語尚未寫下。

延伸閱讀

第一章：從牛頓到愛因斯坦

- Russell Stannard, *Relativity: A Very Short Introduction* (Oxford University Press, 2008).
- *Charles W. Misner, Kip S. Thorne, and John Archibald Wheeler, *Gravitation* (W. H. Freeman and Company, 1973).

第二章：太陽系中的重力

- Clifford M. Will, *Was Einstein Right? Putting General Relativity to the Test* (Basic Books, 1993).

- *Clifford M. Will, *Theory and Experiment in Gravitational Physics* (Cambridge University Press, 1993).

第三章：太陽系外的重力測試

- Katherine Blundell, *Black Holes: A Very Short Introduction* (Oxford University Press, 2015).（編按：繁體中文版於二〇二一年八月出版。）
- *Ingrid H. Stairs, Testing General Relativity with Pulsar Timing, *Living Reviews in Relativity* 6/5 (2003) at:<http://www.livingreviews.org/lrr-2003-5>.

第四章：重力波

- Harry Collins, *Gravity's Shadow: The Search for Gravitational Waves* (University of Chicago Press, 2004).
- *B. S. Sathyaprakash and Bernard F. Schutz, Physics, Astrophysics and Cosmology with Gravitational Waves, *Living Reviews in Relativity* 12/2 (2009) at: <http://www.livingreviews.org/lrr-2009-2>.

第五章：宇宙學

- Peter Coles, *Cosmology: A Very Short Introduction* (Oxford University Press, 2001).

- *Scott Dodelson, Modern Cosmology (Academic Press, 2003)

第六章：重力物理學的先端研究

- Brian Greene, *The Elegant Universe* (Vintage, 1999).
- Leonard Susskind, *The Cosmic Landscape* (Back Bay Books, 2005).

打「*」號的是進階書籍，推薦給希望深入研究這個主題的讀者，但閱讀這些書籍需具備大學程度的數學與物理學知識。

想要參加「星系動物園」計畫的讀者，請上 www.galaxyzoo.org

國家圖書館出版品預行編目(CIP)資料

重力：擾動時空的主宰者 / 提姆西．克里夫頓 (Timothy Clifton) 著；胡訢諄譯 .-- 初版 .-- 臺北市：日出出版：大雁文化事業股份有限公司發行，2021.08
面； 公分
譯自：Gravity:a very short introduction.
ISBN 978-986-5515-74-4(平裝)
1. 力學 2. 引力
332 110008771

重力：擾動時空的主宰者

GRAVITY: A VERY SHORT INTRODUCTION, FIRST EDITION

作　　者 提姆西．克里夫頓 (Timothy Clifton)
譯　　者 胡訢諄
責任編輯 李明瑾
封面設計 張　巖
內頁排版 陳佩君
發 行 人 蘇拾平
總 編 輯 蘇拾平
副總編輯 王辰元
資深主編 夏于翔
主　　編 李明瑾
業　　務 王綬晨、邱紹溢
行　　銷 陳詩婷、曾曉玲、曾志傑
出　　版 日出出版
地址：台北市復興北路 333 號 11 樓之 4
電話（02）27182001　傳真：（02）27181258
發　　行 大雁文化事業股份有限公司
地址：台北市復興北路 333 號 11 樓之 4
電話（02）27182001　傳真：（02）27181258
讀者服務信箱 E-mail:andbooks@andbooks.com.tw
劃撥帳號：19983379 戶名：大雁文化事業股份有限公司
初版一刷 2021 年 8 月
定　　價 310 元

ISBN 978-986-5515-74-4